로봇공학의 기초

Mechatronics Series 카도타 카즈오 지음 | 김진오 옮김

BM (주)도서출판 **성안당**

로봇공학의 기초

ETOKI "ROBOT KOGAKU" KISO NO KISO

by KADOTA Kazuo

Copyright © 2007 by KADOTA Kazuo

All rights reserved.

Originally published in Japan

by THE NIKKAN KOGYO SHIMBUN, LTD., Tokyo.

Korean translation rights arranged with

THE NIKKAN KOGYO SHIMBUN, LTD., Japan

through THE SAKAI AGENCY and YU RI JANG LITERARY AGENCY.

한국어판 판권 소유 : BM (주)도서출판 성안당

© 2008~2021 BM (주)도서출판 성안당 Printed in Korea

들어가는 글

　최근 들어 인간의 모습을 한 채 두 다리로 자유롭게 걷는 로봇을 볼 수 있는 기회가 많아졌으며, 간호나 경비, 재해구조 등의 분야에서 활약하는 로봇도 날로 증가하고 있다. 앞으로는 가정에도 다양한 기능의 로봇이 도입되어 인간과 커뮤니케이션을 할 기회도 늘어날 것이다.

　현재 로봇공학은 기계나 전기, 제어 등을 전문으로 하는 연구자들을 주축으로 여러 대학과 연구소에서 활발하게 연구가 진행되고 있다. 또한 중학교 기술과목이나 공업계 고등학교, 전문대 공업 관련 학과 등 기술교육의 여러 현장에서도 로봇을 제작하고 있으며 로봇경연대회도 활발히 개최되고 있다. 이러한 움직임을 통해 로봇에 흥미를 갖게 된 어린 세대 중에서 미래의 로봇 연구를 책임질 인재가 많이 나올 것이라 기대된다.

　그러한 예비 로봇 연구가들이 일찍부터 시행착오를 겪어가며 로봇을 만드는 일에 열중한다는 것은 매우 의미 깊고 중요한 일이다. 그러나 막상 대학의 이공계 분야에서 로봇 연구에 매진하려 해도 실제 요구되는 것은 로봇 제작에 필요한 실용적인 기능보다는 수학이나 물리와 관련된 수식이라는 말을 자주 듣게 된다. 로봇을 만들고 싶다는 기대에 부풀어 대학에 진학했다가 수식의 나열 앞에 맥없이 주저앉아버리고 말았다는 학생이 많다는 것이다. 공업계 고등학교 등에서 대학에 들어가기 전까지라도 로봇 제작에 관한 지식이나 기초적인 기술을 익힐 수 있도록 교육을 하고 있다면 모르겠지만 일반계 고등학교에서는 기술교육이 전무하다시피 하니 로봇 연구를 위해 대학에 진학한 다음에도 로봇 제작에 대한 지식이나 기능을 익힐 수 있다는 보장은 없다.

　로봇 연구에서는 기계나 전기에 관한 실용적인 지식과 기술 외에도 수학이나 물리에 대한 기초 지식이 필요하다. 즉, 기술을 뒷받침하는 과학적 지식이 요구된다는 것이다. 실용지식은 경험을 통해서라도 어느 정도 익힐 수 있겠지만 과학지식은 그 학문의 추상성으로 인해 독학으로 배운다는 것이 결코 쉽지가 않다. 게다가 수학이나 물리 등의 교과목을 순수하게 내용적으로만 알아서는 그 공학적인 응용력을 몸에 익힐 수가 없다. 즉, 로봇 연구에 실제적으로 어떻게 이용되며 어떻게 도움을 주는지를 파악하면서 학습해야 된다는 것이다.

　단순한 취미의 수준에서 로봇 제작에 열중하고 있다면 특별히 수식 따위를 의식할 필요 없이 시행착오를 겪어가며 순수한 수작업을 통해 로봇이 움직일 수 있도록 만들면 된다. 그러나 로봇의 치수나 정교한 움직임을 결정할 때는 수학을 이용하지 않으면 곤란할 때가 많다. 또한 역학에 대한 지식 없이 제작하다 보면 그 형상이 합리적이지 못하기 마련이다. 적어도 대학 등에서 로봇에 대한 연구를 하고 있다면 단순한 로봇 제작 외에도 그 결과를 객관적인 데이터로 나타낼 필요가 생긴다. 그런 경우에도 수학과 물리학적인 지식이 요구된다.

이 책에서는 먼저 제 1장에서 로봇공학의 개요로서 로봇공학의 현상과 동향, 과제와 전망 등을 살펴보았다. 다음 제 2장에서는 로봇을 제작하기 위한 전기모터나 공기압 실린더 등의 액추에이터, 광센서나 근접 센서 등의 각종 센서 그리고 기어나 나사, 축 등의 기계요소에 대해 설명하였다. 수학이나 물리를 도구처럼 이용해야 하는 실제 현장에 대해서는 제 3장의 로봇 운동학과 제 4장의 로봇 제어학에서 그 내용을 살펴보았다.

이 책은 단순히 기계나 전기에 관해 기술적으로 실천할 수 있는 내용과 병행하여 그 기본이 되는 수학과 물리를 고등학교 교과 수준에서부터 학습함으로써 로봇공학의 기초를 확실히 익히는 것을 목적으로 한다. 이 책을 통해 로봇을 사랑하는 많은 독자들이 로봇공학을 배우기 위한 첫 걸음을 크게 내딛을 수 있다면 저자에게는 더없이 큰 기쁨이 될 것이다.

이 책을 준비하는 동안 동경공업대학 부속 과학기술고등학교의 多胡賢太郎 선생님과 長谷川大和 선생님께서 원고를 검토해 주시고 수학, 물리학과 관련해서는 귀중한 조언을 아낌없이 해주셨다. 출판에 즈음하여 깊은 감사를 드린다.

2007년 7월

門田和雄 (카도타 카즈오)

역자의 글

대학에서 학생들을 가르치는 역자의 경우 로봇공학을 가르치기 위한 교재가 별로 없다는 이야기를 자주 듣곤 한다. 왜냐하면 로봇공학은 그만큼 매우 광범위한 주제를 다루어야 하기 때문이기도 하지만 로봇 공학자로서 반드시 알아야 하는 내용에 대한 공통의 인식이 부족하기 때문이기도 하다. 그런데 로봇공학 관련 서적이 차츰 제자리를 잡아가고 있다는 느낌을 이 책에서 받게 되었다. 로봇을 이해하는 데 반드시 필요한 운동학과 제어학이 이 책에서는 쉽게 설명되어 있다. 그리고 로봇을 만드는 데 필요한 실용기술과 로봇을 이론적으로 다루는 수학과 물리학적 지식을 잘 연결하고 있어서 고등학교 교육을 마치고 로봇공학을 처음 대하는 학생들에게 매우 적당하다고 생각된다. 일본에서 출간된 로봇공학 관련 서적을 이제 두 번째 번역하게 된 역자는 일단 우리 학생들에게 일본에서 나온 좋은 책을 소개하는 것도 작지만 하나의 의무라고 생각한다. 많은 학생들이 즐겁고 쉽게 로봇을 이해하고 공부할 수 있길 바라는 마음으로 이 책의 번역을 결심하였다.

로봇에 의한 21C의 변화는 누구나 예견할 수 있는 것이지만 그것을 누가 주도할 것인지는 아무도 장담할 수 없다. 가장 앞선 미국과 일본이 많은 역할을 하겠지만 차세대 성장동력의 하나로 로봇산업을 선정한 우리나라 역시 좋은 역할을 할 것이라고 기대한다. 지난 몇 년간 국가의 로봇산업 정책개발에 참여해온 역자는 로봇산업이야말로 우리나라를 완전한 선진국으로 이끌 수 있는 마지막 기회라고 생각하며 로봇을 통한 국가의 선진화를 강력히 희망하는 사람이다. 로봇은 단순한 제품산업이 아니며 우리 삶의 일부임과 동시에 국가경쟁력의 핵심이 될 것이 분명하기 때문이다. 앞으로 로봇을 사용하지 않는 산업은 찾아보기 힘들 것이다. 그래서 현재 로봇산업의 중요성은 아무리 강조해도 지나치지 않다고 생각한다. 앞으로 많은 학생들이 로봇전공을 선택하길 간절히 바란다. 우리는 항상 인재양성이 차세대 성장동력을 만들어가는 가장 좋은 방법이라는 것을 잊지 말아야 할 것이다.

2008년 8월

김 진 오

차례 Contents

들어가는 글
역자의 글

차례 Contents

Chapter 1

로봇공학의 개요

로봇이 산업으로 성장할 수 있을까? 그 결과, 수십조 원 규모로 움직인다는 로봇시장이 과연 활성화될 수 있을 것인가? 복지나 간호, 경비와 같은 다양한 기능을 하는 로봇이 등장하는 현 상황에서 그러한 로봇들이 할 수 있는 일이란 구체적으로 어떤 것들인가? 그리고 앞으로의 방향성과 가능성은 어떻게 전개될 것인가? 휴머노이드를 개발하는 진정한 이유는 과연 어디에 있는가? 등 로봇 개발의 기초를 학습하기 전에 먼저 로봇공학 전반에 대한 개략적인 내용을 살펴보기로 한다.

1-1 로봇공학이란

로봇공학은 로봇에 관한 기술을 연구하는 학문 체계로, 영어로는 Robotics(로보틱스)라고 한다. 이 학문의 체계는 종래의 기계공학, 전기공학, 제어공학, 컴퓨터공학 등을 총망라한 것이라고 할 수 있다. 이것이 로봇공학이 기타 제반 과학과 다소 다른 점이다. 또한 최근의 로봇공학은 의학이나 심리학 등 공학 외의 분야와도 직·간접적으로 연계되어 있다.

로봇은 어떠한 형태를 가진 것으로, 이것을 움직이도록 만들기 위해 로봇공학에서는 무언가를 구체적으로 제작하는 작업이 필요하다. 그래서 먼저 학습해야 할 것이 기계공학이다. 이와 더불어 로봇의 작동을 위해 필요한 전기공학, 제어공학, 컴퓨터공학에 대한 지식도 동시에 습득해야 한다.

보다 전문화되어 인공지능 같은 로봇의 자율화에 관련된 연구를 하게 되더라도 기계나 전기에 관한 기초지식은 여전히 필요하다. 또한 미래에는 공장에서 일하는 산업용 로봇이 아니라 우리 생활 주변에서 일상적으로 로봇과 마주치게 된다거나 경우에 따라서는 로봇의 일부를 인간의 신체에 장착하게 될 수도 있을 것이다. 이때는 로봇과 인간과의 관계 정립을 위해 인간이란 무엇인가에 대해 보다 깊이 탐구해야 할 필요성도 대두될 것이다.

미래의 로봇공학은 지금보다 더욱 명확하고 독자적인 학문 체계로 정립되겠지만 현재로서는 아직 혼돈상태에 있다고 할 수 있다. 오히려 이런 이유로 여러 분야에서 다양한 방법으로 로봇공학과의 연계가 가능한지도 모르겠다(그림 1-1).

그림 1-1 로봇공학이란?

지금 로봇공학을 배우려는 사람의 경우 기계공학과 전기공학 등의 기초지식을 익히는 것이 지름길이라고 생각한다. 로봇에 대해 전문적으로 학습할 수 있는 학교로는 공업계 고등학교나 전문대학, 공학대학 등이 있지만 현재로는 로봇공학과와 같이 교육 과정 전체를 로봇에 특화하는 경우는 흔치 않다. 이것은 로봇공학을 공부한 후의 취업에 대한 전망이 그다지 밝지 않기 때문일지도 모른다. 자동차산업이나 가전산업에 비하면 로봇을 만들어서 월급을 받을 수 있는 기업은 아직 적기 때문이다.

그러나 미래의 로봇시장은 수십조 원에 달할 것이라는 예측도 나오고 있어 현재 로봇공학을 배우고 있는 사람이 장래 유용한 인재가 될 가능성은 결코 적지 않다. 앞으로 로봇 개발을 적극적으로 추진해 갈 기업은 대기업 자동차회사나 가전회사일 수 있겠지만 중소기업이나 몇 명 안 되는 사원으로 꾸려가는 지역의 공장에도 커다란 사업 기회가 잠재되어 있다고 생각한다. 왜냐면 앞으로 등장하는 로봇은 자동차나 휴대전화처럼 같은 상품이 수만 대나 팔리는 시장을 형성하기는 힘들 것으로 전망되기 때문이다.

마치 자동차를 개조한 것 같은 대형 로봇이건 가정에서 가사를 돕는 소형 휴머노이드 로봇이건 어느 정도 기반의 공통화는 이루어질 수 있겠지만 전체적으로는 구입자의 요구에 개별 대응하는 형태가 될 것으로 예상된다. 그렇게 되었을 경우 그것에 관련된 가전부품이나 기계부품 등은 작은 공장의 다품종 소량생산에 의존할 수밖에 없게 된다. 이미 지금도 로봇 개발에 관련된 다양한 벤처기업이 등장하고 있다. 물론 기술면이나 경영면에서 모든 것이 원활하게 진행될 수만은 없겠지만 자신의 역량을 믿고 소수의 직원으로 로봇을 개발하는 회사를 설립하는 경우는 더욱더 늘어날 것으로 예상된다.

자동차도 가전도 과거 수십 년에 걸쳐 수많은 기업이 격전을 벌여가며 경쟁을 거듭한 결과 현재와 같은 거대한 시장으로 팽창한 것이다. 이제는 로봇공학으로 한번 도전해 보자. 격렬한 경쟁이 펼쳐지겠지만 로봇공학은 우리의 엔지니어 인생을 걸 만한 가치가 있는 매력적인 분야이기 때문이다.

1-2 로봇시장은 과연 활성화될 것인가

21세기가 끝나기 전에 로봇산업은 어떤 산업과도 비교하기 어려울 정도로 큰 규모의 산업으로 성장해 있을 것이다. 인간이 직면하게 될 매우 다양한 문제(고령화, 인구감소, 환경, 에너지, 생산성 등)들을 로봇을 통해 해결하게 될 것이다. 뿐만 아니라 가까운 장래에는 '의료 및 복지', '안전 및 경비', '건강 및 스포츠', '공공기관 및 생활공간' 등 비산업분야에서 활약하는 로봇이 크게 각광을 받을 것으로 기대된다. 이미 산업분야에서 활약하고 있는 로봇은 많지만 실제 그들이 일하는 장면을 직접 볼 수 있는 기회가 적다보니 비산업분야에서 활약하는 서비스 로봇이 우리와 친숙한 관계가 되는 그 날이야말로 우리가 로봇과 공생하는 사회에 살고 있다는 것을 실감할 수 있을 것이다. 그러나 인터넷의 이용으로 인해 가정이나 직장에 컴퓨터가 급속하게 보급된 것과 마찬가지로 로봇도 가정과 직장에서 제대로 자리를 잡을 수 있을 것이라고 기대할 수 있을까?

한편 현재 산업용 로봇의 정의는 '자동제어에 의한 매니퓰레이션(Manipulation) 기능 또는 이동(Mobility) 기능을 가지며 각종 작업을 프로그램에 의해 실행할 수 있고, 산업에 사용 가능한 기계'라고 되어 있지만 가정에 보급될 것으로 기대되는 비산업용 로봇(퍼스널 로봇)에 대해서는 아직 명확하게 정의되어 있지 않다.

많은 가정에서의 로봇 사용이 보편화되려면 어떤 로봇을 원하는지, 그 내용을 명확하게 파악하고 있어야 한다. 로봇을 구입함으로써 얻을 수 있는 이점이 상당히 크지 않다면 굳이 로봇을 사야 할 필요는 없을 것이다.

가사노동의 경감을 위해 가정에서 사용하는 가전제품은 관점을 달리하면 세탁기=세탁 로봇, 청소기=청소 로봇, 식기세척기=식기세척 로봇이라고 할 수 있다. 다시 말하면 단순 기능의 로봇은 이미 가전제품의 형태로 가정에 자리를 잡았다는 의미이다. 그렇다면 이런 것 외에 가정에서 로봇에게 원하는 기능은 어떤 것이 있을까? 그림 1-2를 통해 생각해보자. 고등학생에게 이런 질문을 하면 "숙제를 대신 해주는 로봇이요!"라는 허무한 대답만 돌아올 것이다. 이미 가정은 편리할 대로 편리해져 있기 때문이다. 대부분의 사람들은 굳이 로봇에게 시켜야 할 일을 찾지 못할 것이다. 만약 그런 일이 있다고 해도 그 로봇 덕에 인간이 편해졌다면 인간은 더욱 더 움직이지 않게 될 것이고 그 결과 건강에도 문제가 생길 것이라는 우려가 나오게 될 것이다.

그림 1-2 로봇에게 원하는 일

　로봇을 도입한 결과 인간의 활동량이 줄어서 운동 부족이 되면 이제 함께 운동을 해줄 로봇을 구입해야 할 것이다. 이쯤 되면 완전히 본말전도라고 할 수 있다. 그러나 저출산 고령화 사회는 분명히 다가올 것이고 그에 따르는 각 분야에서의 노동력 부족 등 앞으로 닥쳐올 다양한 문제에 대응하기 위해서라도 로봇의 필요성은 더욱 부각될 것이라는 점은 분명하다. 그 때 로봇에게 원하는 것과 그것을 해결해줄 로봇의 등장이 제대로 맞물릴 수 있도록 하는 노력이 앞으로 더욱 중요시 될 것이다(그림 1-3).

그림 1-3 가정에서 로봇에게 무슨 일을 시킬까?

1-3 복지 및 간호 로봇의 방향성

최근 간호 등에서 신체적 부담을 줄이기 위해 신체 기능을 지원·확장하는 인체 장착형 웨어러블 파워 어시스트 로봇(Wearable Power Assist Robot)의 개발이 각 방면에서 활발하게 진행되고 있다(그림 1-4). 장착자의 의지대로 전신운동을 보조하는 로봇을 개발하기 위해서는 하드웨어와 소프트웨어 양면에서의 연구가 필요하다. 현재로는 제한된 조건하에서 팔운동 또는 다리운동을 보조하는 용도의 외골격형 로봇이 실용화되고 있다. 이러한 로봇에서는 장착자의 생각을 실시간으로 로봇의 동작에 얼마나 제대로 반영시킬 수 있는지가 큰 과제이다. 지금으로서는 다음과 같은 사항을 문제점으로 들 수 있다.

먼저 프레임이나 액추에이터를 배치할 때는 로봇을 장착하는 인간의 동작을 방해하지 않도록 고려해야 한다. 보통은 주요 파트를 모두 장착자의 신체 바깥쪽에 배치해야 하는데, 이 때문에 일반적인 로봇보다 설계상의 많은 제한을 받게 된다. 또한 로봇을 장착하는 인간의 안전성에 충분히 주의를 기울여야 하기 때문에 비상정지 스위치는 물론이고 기구적으로 인간의 관절 가동범위 밖으로 절대 움직이지 않도록 해야 한다. 그 밖에도 배터리나 공기압축기 등 필요한 동력을 어떻게 구해 설치할 것인지, 또 로봇 각 부분의 동작 개시를 위한 스위치나 센서의 종류, 설치지점 등에 대해서도 충분히 검토해야 한다.

그림 1-4 웨어러블 파워 어시스트 로봇의 설계 개념

한편, 간호를 위한 로봇을 구상할 때 가장 고려해야 할 점은 간호를 하는 사람을 위한 로봇인지 간호를 받는 사람을 위한 로봇인지를 명확하게 구별해야 한다는 것이다. 그리고 그 어느 쪽의 로봇에 대해서도 항상 건강한 사람이 어떻게 움직이는지에 대해 충분히 이해할 수 있어야 한다.

예를 들어 간호를 하는 사람 중 대다수가 허리와 엉덩이의 통증에 시달리고 있다고 하자. 간호라고 하면 보통 환자나 물체를 위로 들어 올리는 동작을 자주 하게 되는 편인데(그림 1-5), 중력에 거스르는, 즉 위로 들어 올리는 동작이 아니라 환자나 물체를 주로 수평방향으로 움직이거나 옮기는 편이 간호자의 신체적인 부담을 줄일 수 있을 것이다. 그래서 중력방향으로 도움을 주는 로봇을 사용한다면 편리할 것이다.

그림 1-5 짐을 들어 올릴 때의 바른 자세

간호를 받는 사람의 입장에서라면 인간 대신 무엇이든 해주는 로봇이 반드시 바람직한 것만은 아니다. 간호를 받는 사람이 혼자의 힘으로 할 수 있는 동작은 되도록 스스로 할 수 있도록 도와주는 것이 중요하다. 엔지니어의 어설픈 자아도취적 자만에 의해 만들어진 로봇이라면 어느 누구에게도 환영받지 못할 수 있기 때문이다. 그래서 인간과 관련된 로봇의 경우에는 특히 인간의 동작에 대한 보다 깊은 이해가 요구된다.

1-4 레스큐(Rescue) 로봇의 가능성

대지진 같은 자연재해 그리고 대형 화재나 테러와 같은 재해는 언제 닥쳐올지 알 수가 없다. 레스큐 로봇이란 이러한 지진이나 화재 등의 재해 현장에서 구조 활동을 펼치는 로봇을 말하며, 그 역할로는 생존자 발견, 인명 구조, 재해 복구 등을 들 수 있다(그림 1-6). 생존자를 찾기 위한 재해 시의 레스큐 활동에서 소방관과 같은 구조대에 2차 재해가 많이 발생한다. 내부에 사람이 있는지조차 알 수 없는 상황에서 무너진 건물 속에 맨몸으로 뛰어든다는 것은 위험천만한 행위이다. 이런 이유로 레스큐 로봇을 이용해서 생존자를 발견하는 것이 현재 개발되고 있는 많은 레스큐 로봇 개발 목표가 되고 있다.

그림 1-6 레스큐 로봇

그렇다면 생존자를 발견해내는 레스큐 로봇을 만들기 위해서는 어떠한 기술이 필요할까?

재해 현장은 보통 평지보다는 무너진 지붕이나 벽 등의 파편이 흩어져 있거나 토사 등이 쌓여서 울퉁불퉁한 경우가 많다. 로봇은 그러한 곳을 자유롭게 다녀야 하므로 현재 개발되고 있는 상당수는 다양한 형상을 가진 크롤러(Crawler)형 로봇이다. 또한 레스큐 로봇이 움직이는 주변 환경은 불꽃과 연기, 물과 진흙, 소음과 진동, 유독가스와 유해물질로 뒤덮인 열악한 경우가 많은 만큼 로봇 본체는 물론이고 그 기계부품이나 전기부품의 내환경성에 대해서도 철저한 검토가 이루어져야 한다.

생존자가 있는지를 레스큐 로봇이 탐사하려면 검출 기능을 갖추고 있어야 한다. 가장 먼저 생각할 수 있는 것이 CCD 카메라 등과 같은 영상 정보이다. 다만 무너진 벽 아래처럼 카메라가

들어갈 수 없는 장소에서는 적외선 등을 이용한 인체감지 센서가 이용된다. 또한 이러한 정보를 주고받기 위해서는 유선 또는 무선의 통신기술도 필요하다.

특히, 인명을 구조할 때는 로봇 암 등이 필요한데, 이때 다친 사람을 안전하게 붙잡고 운반하기 위해서는 어떻게 해야 할까? 조작은 사람이 원격으로 할 것인가? 아니면 로봇이 스스로 생각하면서 하게 할 것인가? 게다가 무너진 건물 아래에 있는 사람을 구조하는 동안 발생할지도 모르는 2차 재해는 어떻게 막아야 하는가? 등 검토해야 할 숙제는 산더미처럼 쌓여 있다.

재해 직후의 위험한 환경 속에서 재해복구 작업을 하는 로봇은 토목공사에 사용하는 굴삭용 장비를 장착한 건설용 로봇과 같은 유형이 될 것으로 전망된다. 이 분야의 로봇은 재해 복구 작업뿐만 아니라 무인 토목 건설 작업 등을 안전하고 원활하게 실행하는 것을 목표로 개발이 지속되고 있다.

지뢰를 탐지해서 제거하는 로봇도 레스큐 로봇의 일종이다. 어떤 지뢰 탐지 로봇은 차체 전방에 탑재된 지뢰 탐지 센서로 지중에 매설되어 있는 대인지뢰 및 불발탄을 탐지할 뿐만 아니라 차체 상부에 탑재된 가시 카메라로 지표면 여기저기에 흩어져 있는 지뢰를 탐지한다. 또한 지뢰 탐지 센서로부터의 정보를 자동 해석함으로써 대인지뢰 및 불발탄과 지중의 공동(空洞) 암석 등을 정확하게 구별해내는 것이 가능해지고 있다. 이러한 특수 목적 외에도 앞으로는 일반 소방서에서도 방수형이나 수중 탐색형, 정찰형, 구조형 등 다양한 종류의 레스큐 로봇들이 실제 구비될 것이다.

이러한 레스큐 로봇의 개발에 있어서 로봇에게 어떤 작업을 지시할 것인지를 정확히 파악하고 중점을 두어 개발하는 것은 중요한 일이다. 그렇기 때문에 그 목표를 향해 착실하게 한 걸음씩 나아간다면 앞으로 빠른 속도로 보급될 수 있을 것이다.

1-5 서비스 로봇의 안전성

로봇산업계는 이미 가동중인 제조업 위주의 산업용 로봇 외에 앞으로 인간이 사용하는 공간을 공유하는 서비스 로봇이 단계적으로 보급될 것으로 전망되고 있다. 이러한 서비스 로봇은 간호, 경비, 오락, 교육, 운동 등 인간과 접할 수 있는 분야에서 폭넓게 이용되는 로봇을 포함한다.

신제품을 설계하고 제조할 때는 항상 제품의 안전성을 검토해야 하는데, 이는 서비스 로봇에만 국한된 것은 아니다. 엘리베이터나 회전문에 끼는 사고, 가스를 이용하는 온수기의 화재, 문서파쇄기에 의해 손가락 끝이 손상을 입는 등의 사고가 발생하면 이것들을 생산하는 기업은 치명타를 입게 된다. 로봇에 있어 발생 가능한 위험 요인으로는 엎어져 넘어지거나 충돌하는 것, 끼거나 말려들어가는 것, 낙하, 감전, 화재 등을 들 수 있다. 물론 어떠한 설계에 있어서도 당연히 안전설계를 목표로 하지만 그렇다고 절대적으로 안전한 것은 아니다. 특히 신제품의 경우 예상하지 못한 사고가 일어나기 쉽다. 이런 이유 때문에 안전 매뉴얼 등을 작성해서 제품에 대해 철저하게 설명하는 것인데, 자율형 로봇의 경우는 인간이 조종하는 자동차와 달리 스스로 움직이면서 다니기 때문에 로봇과 인간이 1 대 1 상태에서 일어난 사고의 원인을 정확하게 밝혀내기가 곤란하다. 사고의 조사를 위해 카메라를 설치하는 정도야 가능하겠지만 다른 누군가가 지켜보지 않으면 안 되는 로봇이라면 더 이상 상품으로서의 가치를 상실하게 되는 것이다(그림 1-7).

인간에게 상처를 입힐 생각은 없지만 제가 움직이다 보면 넘어지거나 부딪히거나 끼일 수 있습니다. 우리 서로 조심합시다.

그림 1-7 안전한 로봇이란?

절대적으로 안전한 로봇은 있을 수 없다는 것은 사고가 발생했을 때 어떻게 하면 될지를 미리 생각해 두어야 한다는 것을 의미한다. 보통 사고가 발생하면 먼저 누구의 책임인지를 따지게 되는데 앞으로는 오사용을 포함해서 발생 가능한 모든 경우를 상정하여 위험 요소를 검토해두는 사전책임이 일반화되고 있는 추세이다. 그리고 철저하게 정기점검을 하는 등 각 제품의 안전에 관한 가이드라인을 지켰음에도 불구하고 발생하게 된 사고에 대해서는 서로 납득할 수 있도록 사전준비를 철저히 해야 한다.

이러한 안전에 관한 가이드라인은 누군가 일방적으로 작성하는 것이 아니다. 현재 한국과 일본의 로봇업계단체가 공공장소나 가정 등에서 사용하는 서비스 로봇의 안전성에 대한 국제표준을 공동으로 마련하려는 움직임을 보이고 있다. 장래에는 국제표준화기구(ISO)에 제안하는 것을 목표로 하고 있다고 한다.

한편 보험회사가 자동차보험과 같은 로봇보험이라는 것을 진지하게 검토하고 있다는 말도 들리고 있다. 거듭 말하지만 자율형 로봇은 스스로 생각하고 행동한다. 일부러 해를 입히는 것까지는 고려하지 않는다고 하더라도 어쩌다가 난폭하게 달리거나 인간에게 상해를 입히거나 하는 것은 충분히 생각할 수 있는 경우이다(그림 1-8). 그런 점을 고려한다면 인간과 로봇의 공존이라는 것에 대해 좀더 심각하게 검토하지 않으면 안 된다. 그런 시대가 정말 찾아오기 전에 조금이라도 대비를 해두는 것이 현명할 것이다.

응. 알았어. 가이드라인을 완벽하게 만들어두었기 때문에 이 외의 만일의 사태가 일어난다고 해도 자네에게 책임을 묻지는 않겠네.

로봇이

그림 1-8 로봇이 인간에게 상처를 입힌 경우

1-6 인간을 닮아가는 휴머노이드(Humanoid) 로봇

최근 인간의 모습을 하고 두 발로 걷는 로봇인 휴머노이드 로봇의 개발이 각 방면에서 적극적으로 추진되고 있는데, 과연 로봇이 인간의 모습을 하는 목적은 어디에 있을까(그림 1-9)? 인간 사회는 인간의 신체에 맞추어 디자인되어 있는 만큼, 로봇도 인간의 모습을 취하는 것이 효율적이라고 해석하기도 한다. 하지만 우리 주변에서 우리의 생활을 풍요롭고 편리하게 해주는 인공물로 존재하는 자동차나 가전제품이 모두 인간의 모습을 하고 있는 것은 아니다. 인간이 사용하는 다양한 도구들을 사용하거나 차를 운전하거나 인간과 동일한 동작을 하는 로봇이 필요하다면 단순기능을 하는 로봇을 여러 대 마련하는 것보다는 인간의 모습으로 만들어진 휴머노이드 로봇을 한 대 구입하는 것이 경제적일 수는 있을 것이다.

이는 휴머노이드 로봇에게 어떤 일을 시킬 수 있을 것인가? 하는 것과 관련된 문제인데, 현재로서는 로봇이 인간의 모습을 취하는 이점에 대한 명확한 해답은 준비되어 있지 않은 것 같다. 그러나 이는 앞으로의 로봇 개발의 방향성과도 연결되어질 중요한 과제가 될 것이다. 한편, 휴머노이드 로봇의 개발에 있어 일본이 세계에서 가장 앞서는 이유 중 하나로 미국이나 유럽이 종교적인 이유에서 인간이 인간을 만드는 것에 대해 혐오감을 갖는다는 점을 들 수 있다.

그림 1-9 로봇이 인간의 형상을 닮은 이유는?

휴머노이드 로봇은 과연 인간을 얼마나 닮을 수 있을까? 제아무리 인간과 비슷한 로봇이라고 해도 그것은 겉모습에 지나지 않으며 내부 구성이나 구조까지 인간의 모습을 갖춘 휴머노이드 로봇은 아직 등장하지 않고 있다. 현재 개발중인 휴머노이드 로봇의 대다수가 각 관절에 장착된 전기모터의 회전운동을 이용해서 그 움직임을 이끌어내고 있다. 이 원리로는 어느 한 쪽의 다리가 반드시 지면에 닿아 있는 '걷기'는 가능하겠지만 움직일 때 두 다리가 공중에 떠 있어야 하는 '달리기'는 어려울 것이다. 로봇으로 하여금 달리는 동작을 실현시키려면 뼈나 근육 등의 형태와 기능에 대해서도 인간의 흉내를 낼 수 있어야 한다는 시각을 갖을 필요가 있다. 인간의 팔이나 다리부분의 움직임은 두 개의 뼈를 연결하는 관절을 사이에 두고 근육의 수축에 의해 만들어지는 것인 만큼, 미래의 로봇에게는 인공뼈와 인공근육을 이용하는 방법도 충분히 고려할 수 있을 것이다(그림 1-10).

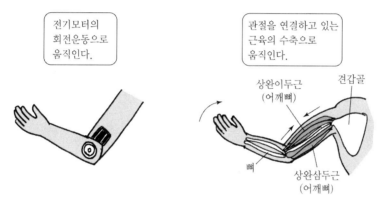

그림 1-10 전기모터와 인공근육

　복합재료의 개발에 대나무 구조를 반영하거나 소화기의 개발에 올빼미 깃털을 참고하는 것처럼 인공물의 개발을 위해 실제 존재하는 동·식물 등의 생물로부터 지식을 얻는 일은 이미 행해지고 있다. 오랜 세월의 진화를 거쳐 존재하고 있는 생물은 그 내부 구성이나 구조에 나름대로의 합리성이 있다. 그 때문에 휴머노이드 로봇의 개발에 있어서도 되도록 실제 인간의 내부구성이나 구조를 학습한다면 보다 합리적인 인공물을 만드는 데 도움이 될 것이다. 한편 그러한 로봇의 개발을 통해 인간의 운동 구조에 대해서도 보다 깊게 이해할 수 있고 그 성과를 의료나 간호 또는 스포츠 분야 등에도 확대, 적용할 수 있을 것이다.

1-7 로봇의 지능과 감정

로봇에게 지능이나 감정이 있다고 하면 어떤 생각이 드는가? 로봇에게 광센서나 접촉 센서 등을 부착해서 마치 로봇 자신이 스스로 판단해서 행동하는 것처럼 보이는 것도 지능이라고 할 수 있겠지만 로봇에게 보다 지적인 행동을 하도록 만들려면 어떻게 해야 할까? 그보다 먼저 지적인 행동이란 무엇인가? 이에 대한 답을 인공지능(AI; Artificial Intelligence)이라는 분야에서 생각해보자.

인공지능의 연구란 인간의 뇌가 담당하는 지적인 정보처리의 메커니즘을 해명해서 그것을 컴퓨터로 실현하는 기술을 개발하는 것이다. 구체적으로는 인간이 사용하는 자연언어를 이해하거나 논리적인 추론을 하거나 경험을 통해 학습하거나 프로그램을 작성하는 등의 연구가 진행되고 있다. 그리고 그 연구에는 인간지능 그 자체를 갖는 기계를 만들려는 입장과 인간이 지능을 사용해서 하는 일을 기계에게 시키려는 입장의 두 가지가 있다. 여기서 기계라는 말을 로봇으로 바꿀 수는 있지만 직접적으로 인간과 같은 로봇을 만드는 것은 아니다.

제 2차 세계대전중에 암호 해독 등으로 두각을 나타냈으며 컴퓨터 과학의 아버지로 불리는 앨런 튜링(Alan Turing, 1912-1954)은 지능을 정의하기 위해 '튜링 머신'을 개발하였다(그림 1-11). 그가 고안한 튜링 테스트(Turing Test)란 다음과 같다.

각기 다른 방에 테스트를 위한 컴퓨터(인공지능)와 사람이 들어 있다. 판정자는 어느 쪽에 컴퓨터가 있는지를 모르는 상태에서 그가 가진 컴퓨터와 디스플레이를 통해 두 개의 방과 대화를 하도록 되어 있다. 판정자는 키보드를 통해 컴퓨터(인공지능)와 인간에게 질문을 하는데, 여기서 컴퓨터(인공지능)는 가능한 한 인간처럼 대답을 해야 한다. 이 대화를 통해 판정자는 어느 쪽이 컴퓨터(인공지능)이고 어느 쪽이 인간인지를 판별해야 하는데, 여기에서 양자를 구별하지 못한다면 그 컴퓨터(인공지능)는 인간과 마찬가지로 지능을 가진 것으로 간주한다는 것이다.

이 테스트는 지능이 아니라 질문에 대한 적절한 답을 도출하는 프로그램을 측정하는 데 지나지 않는다고 판단된다거나 만약 컴퓨터가 인간으로 착각하도록 일부터 틀린 답을 했다면 판정자는 그 부분까지도 추측할 수 있어야만 하는가와 같이 컴퓨터가 지능을 가지는지의 여부를 판별하는 것은 불가능하다는 지적이 지배적이다. 그렇지만 지능을 정의하기 위한 테스트의 하나로는 고심한 흔적이 엿보이는 예라고 생각한다.

그림 1-11 튜링 테스트

    이번에는 로봇의 감정에 대해 생각해보자. 로봇의 감정과 연관된 것은 표정인데, 로봇이 감정을 가진다는 것은 로봇이 기쁨, 슬픔, 놀라움, 공포, 혐오, 분노 등의 표정은 지을 수 있다는 것이다. 또한 반대로 로봇이 그러한 감정을 인식할 수 있어야 한다. 현재는 얼굴 각 부분의 위치를 수치화해서 표정을 수치화하는 연구 등이 진행되고 있지만 미래에는 비웃음 같은 여러 가지 표정이 뒤섞인 복잡한 표정을 지을 수 있는 로봇이 등장할지도 모른다.

    로봇공학의 세계에서는 로봇의 겉모습이나 동작이 인간과 유사할수록 친근감이 증가하지만 그것이 어느 정도를 넘어서 지나치게 닮으면 오히려 혐오감을 가질 수 있다는 '섬뜩함의 계곡(Uncanny Valley) 현상'이라는 것이 있다. 이것은 일본의 마사히로 모리(政弘 森) 박사가 1970년에 발표한 이론이다. 만약 미래에 섬뜩함의 계곡을 넘어설 정도로 교묘하게 표정을 지을 수 있는 휴머노이드가 완성되고 거기에 고도의 인공지능이 탑재된다면 그 때에는 인간 자신이 인간과 로봇을 구별할 수 없게 될지도 모른다. 물론 아직도 먼 미래의 이야기이지만 그러한 상황에 대해서도 조금씩 생각해 두어야 할 것이다.

1-8 로봇경연대회와 교육

최근에는 교육 현장에도 다양한 형태의 로봇이 도입되고 있다. 가장 많은 다양성을 발견할 수 있는 곳은 참가자들이 각자의 창조성을 바탕으로 제작하여 정해진 규칙 속에서 경기를 펼치는 로봇경연대회이다.

매사추세츠공과대학(MIT)에서 시작된 로봇경연대회는 일본에서는 1980년대에 동경공업(東京工業)대학에서 시작되었다. 한국에서도 1980년대 후반부터 매우 다양한 로봇경연대회가 개최되고 있다. 처음에는 정해진 위치에 공을 넣거나 상자를 쌓아올리거나 하는 경기가 많았는데 최근에는 두 발로 걷는 로봇이 장애물을 피하며 기량을 펼치는 로보원(ROBO-ONE)이라는 수준 높은 경기도 인기를 모으고 있으며 현재 매우 다양한 대회가 전 세계 각지에서 개최되고 있다.

로봇경연대회는 일반적인 학교 수업처럼 교수님이나 선생님이 주도적으로 교과 내용을 가르치는 것과는 달리 학생들이 스스로 아이디어를 내서 과제를 해결하기 위해 창작 로봇을 만드는 형태로 기획된다. 그 때문에 처음에는 준비나 지도하는 데 여러 가지 어려움이 많았지만 창작에 몰두하는 학생들의 자세와 대회에 임하는 진지한 눈빛을 보면 어려움이 따르더라도 계속해야겠다는 마음이 들게 된다.

요즘에는 집에 공구를 구비해 두는 가정이 줄어든 데다 어린이들이 무언가를 자유롭게 만들 수 있는 장소도 많지가 않다. 그 때문에 로봇경연대회에 나가고 싶어도 기회가 없다고 하는 이야기를 자주 듣는다. 초등학교나 중학교에서 공작이나 기술을 배우는 시간도 감소한 것 같아 걱정이 되기도 한다. 아무리 주변에서 쉽게 로봇을 볼 수 있게 되었다고 해도 어린이들이 그것을 보고 자신도 만들어보고 싶다는 생각을 할 때 그러한 기회를 제때 제공해주지 못한다면 로봇 제작에 대한 흥미는 반감될 것이다.

로봇경연대회는 전기나 기계의 기초지식을 익혀가면서 스스로의 몸을 움직여 공작에 몰두함으로써 하나의 로봇을 창조해내고 그 성과를 대회에서 겨룬다고 하는 교육적 가치가 매우 높은 행사이다.

1-9 로봇기술 자격증*

우리나라에서는 로봇기술 자격시험이 2008년 2월부터 시행이 되었다. 1년에 4번 치뤄지는 시험이며 제어로봇시스템학회(www.icros.org)가 주관하고 전자신문이 주최한다. 역자는 초대 운영위원장으로 이 제도를 정착시키는 임무를 맡고 있다. 이러한 로봇기술 자격증 제도는 전 세계적으로 처음 시행되는 것이며, 앞으로는 우리나라의 국가공인자격증이 되는 것을 목표로 하고 있다. 대학생 수준에서 초등학생 수준까지를 4개 등급으로 나누어 필기시험과 실기시험을 치르게 하여 적격자에게 자격증을 부여한다.

로봇기술 자격증을 준비하게 된 이유는 올바른 로봇교육의 필요성 때문이다. 로봇기술은 제품 매뉴얼에 따라 조립하고 프로그램하여 경연대회에 참가해서 좋은 상을 받는 것만으로 제대로 배울 수 있는 것은 아니기 때문이다. 한편 로봇은 여러 기초기술의 종합으로만 이해되어서는 안되기 때문이다. 로봇기술 자격증 제도를 통해서 우리의 학생들에게 가장 올바른 로봇기술 교육의 방향을 제시하고 학생들이 갖추어야 하는 로봇기술의 수준을 제시할 것이다.

로봇은 센싱(Sense)하고 생각(Think)하고 운동(Act)하는 요소들이 상호보완적으로 연결된 복합체이다. 따라서 요소기술들을 하나씩 배운다고 해서 로봇기술이 습득되는 것은 아니다. 작업을 위해 존재하는 로봇에 대한 교육은 '주어진 작업(문제; Problem)을 해결하는 로봇(해결; Solution)의 개발'이라는 창의적 능력을 주요 목표로 매진할 수 있어야 한다. 그래서 영어시험에서의 TOEFL 같이 로봇기술에서의 가장 대표적인 자격시험으로 발전하게 될 수 있기를 기대한다.

---

* 역자가 우리나라의 로봇기술 자격증을 소개하기 위해 첨가한 부분입니다.

Chapter 2

로봇 요소학

어떠한 로봇을 만들 것인지를 결정했다면 다음 단계에서는 설계도를 작성해야 한다. 여기에서 '로봇을 무엇부터 만들어야 하는가'에 대한 문제가 제기된다. 먼저 로봇을 움직이는 기본이 되는 전기모터와 스위치, 센서 등의 전기 부품, 기어나 벨트·체인, 축·베어링·커플링, 나사, 스프링 등과 같은 기계요소 등, 필요한 것을 선정할 수 있는 능력을 키워야 한다.

2-1 액추에이터

(1) 액추에이터란

액추에이터란 외부로부터 어떤 에너지를 공급해서 동력을 생산하는 기기를 말한다(그림 2-1). 대부분의 경우 그 에너지원은 전기이며, 회전운동을 만들어내는 전기모터나 전자석의 작용을 바로 이용하여 동력을 만드는 전자밸브 또는 솔레노이드 등이 있다. 또한 공기압이나 유압으로 작동하는 실린더와 모터도 있다.

로봇의 운동에서는 이들 액추에이터를 조합해서 팔, 다리 그리고 바퀴 등의 움직임을 만들어내게 된다.

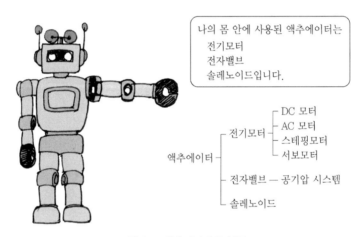

그림 2-1 액추에이터의 분류

(2) 전기모터

전기모터는 전기에너지를 회전운동의 기계적 에너지로 변환하는 전기부품이다. 주변의 많은 가전제품에 전기모터가 탑재돼 있다는 사실에서 알 수 있듯이 로봇의 액추에이터로도 다양한 종류의 전기모터가 다양한 방법으로 사용되고 있다.

모터 작동원리의 기본은 플레밍의 왼손법칙이다(그림 2-2). 이 법칙에 따르면 어떤 자기장 내에 놓인 도선에 전류를 흘렸을 때, 왼손을 기준으로 검지(둘째손가락)가 자기장의 방향, 중지

2

(셋째손가락)가 전류의 방향을 가리켰을 때, 엄지(첫째손가락)가 가리키는 방향으로 도선을 미는 힘이 발생한다. 여기서 중지(전류[A]), 검지(자기장[T]), 엄지(힘[N])의 순서대로 '전·자·력'으로 쉽게 외울 수 있다.

실제로는 플레밍의 왼손법칙의 관계를 단순히 적용하기만 해서는 어떤 방향으로 코일을 팽팽하게 걸기만 해도 전기모터가 계속 회전하는 현상을 설명할 수가 없다. 모터에는 회전을 지속시키려는 방법의 차이에 따라 다양한 종류가 있다.

여기서는 로봇에 많이 사용되는 전기모터인 DC 모터, AC 모터, 스테핑모터, 서보모터에 대해 알아보기로 한다.

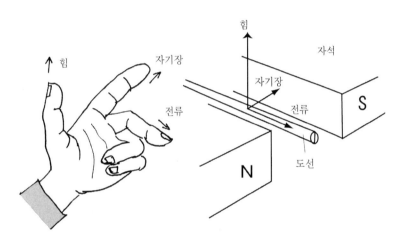

그림 2-2 플레밍의 왼손법칙

① DC 모터

DC 모터란 건전지나 직류전원 등으로부터 공급되는 전압의 변동이 없는 직류(DC; Direct Current) 전압으로 작동하는 전기모터로, 직류모터라고도 한다(그림 2-3).

전기모터의 회전을 나타내는 대표적인 물리량에는 단위시간당 회전수(회전속도)와 회전력(토크)이 있다. DC 모터는 회전수의 제어나 회전방향(정전·역전)의 전환이 쉽고 시동 토크가 크다는 특징이 있어 로봇의 액추에이터로 폭넓게 활용되고 있다.

DC 모터의 작동원리는 플레밍의 왼손법칙에 기반을 두고 있으며, 회전을 지속시키기 위해 코일에 부착된 반원통형의 금속부품인 정류자라고 하는 부품을 사용한다. 전류는 전원으로부터 브러시라는 부품을 이용해서 정류자를 거쳐 영구자석 사이에 있는 코일(도선)로 흐른다. 이때 플레밍의 왼손법칙에 의해 코일에 작용하는 힘이 코일을 회전시킨다. 코일과 같이 회전하는 정류자와 고정된 위치에 있는 브러시(Brush)에는 접촉되어 있지 않은 부분이 있는데, 여기서 코일의 전류방향을 바꾸게 됨으로써 모터는 항상 일정 방향으로 회전을 계속하는 것이다. DC 모터에서는 가운데 회전하는 수많은 코일이 존재하는데, 이것을 회전자라 하고 바깥의 영구자석을 고정자라고 한다.

한편 정류자와 브러시는 서로 접촉하는 부품인 만큼 마찰로 인해 수명에 한계가 있다. 그 때문에 브러시 없이 전자회로에서 전류를 전환하는 브러시리스(Brushless) 모터도 등장하였다. 일반적으로 DC 모터의 제어에는 전압의 변화로 회전수를 변화시키는 방식이 이용되고 있다.

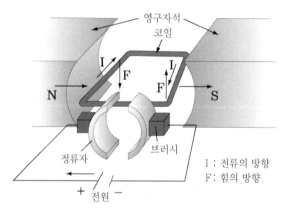

그림 2-3 직류모터의 구조

DC 모터의 특징을 좀더 상세히 알아보도록 하자. 모터의 성능을 설명하는 카탈로그를 읽으려면 다음과 같은 물리량을 이해해야 한다.

- 정격전압 [V]
  모터에 과부하나 기계적 결함과 같은 문제를 일으키지 않는 전압을 정격전압이라고 하며 직류모터에서는 DC 12V와 DC 24V가 많이 사용된다.
- 정격전류 [A]
  모터에 과부하나 기계적 결함과 같은 문제를 일으키지 않는 전류를 정격전류라고 한다.

- 무부하전류 [A]

  모터의 회전축에 부하를 주지 않는 경우의 전류를 무부하전류라고 한다. 즉 모터 자체만 회전하는 경우에 흐르는 전류를 의미한다.

- 정격출력 [W]

  정격전압으로 모터를 작동시킬 때의 출력을 정격출력이라고 하며 다음 식으로 나타낸다.

  정격출력 [W] = 정격회전수 [rpm] × 정격토크 [N·m] × 2π/60

  = 정격회전수(회전수/초) × 정격토크 [N·m]

  * rpm = revolutions per minute : 분당 회전수
  * N = Newton
  * W = Watt

- 정격토크 [N·m]

  정격전압으로 모터를 작동시킬 때 발생하는 토크를 정격토크라고 한다.

- 정격회전수 [회전수/초 또는 rpm]

  정격전압으로 모터를 작동시킬 때의 회전수를 정격회전수라고 한다.

- 무부하회전수 [회전수/초 또는 rpm]

  모터의 회전축에 부하를 주지 않는 경우의 회전수를 무부하회전수라고 한다.

- 질량 [kg]

  모터 본체의 질량을 말한다.

모터의 성능을 나타내는 방법은 이렇게 많습니다.

정격치는 암기해두세요.

전기모터

다음은 모터에 흐르는 전류와 토크, 회전수, 출력 등의 관계를 정리한 것이다.

- 토크와 회전수의 관계는 무부하운전인 경우 모터 회전수는 최대가 되고, 여기에 부하를 가해가면 회전수가 줄면서 토크를 발생시킨다. 이 관계는 그림 2-4와 같은 그래프로 표현된다.
- 토크와 전류의 관계는 그림 2-5와 같은 그래프로 표현된다.
- 회전수와 전류의 관계는 그림 2-6과 같은 그래프로 표현된다.
- 토크와 출력의 관계는 그림 2-7과 같은 그래프로 표현된다.

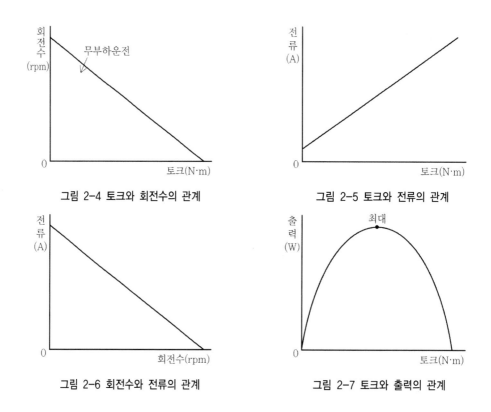

그림 2-4 토크와 회전수의 관계

그림 2-5 토크와 전류의 관계

그림 2-6 회전수와 전류의 관계

그림 2-7 토크와 출력의 관계

토크와 회전수의 반비례 관계를 나타내는 그림 2-4로부터 출력과 토크의 관계(2차 함수)를 유도하는 것은 간단하기 때문에 여기서는 생략한다. 그림 2-5는 일정한 회전수일 때 많은 토크를 내기 위해서는 많은 전류가 들어간다는 것을 보여주고, 그림 2-6은 일정한 부하에서 회전수가 늘어나면 전류가 줄어들게 된다는 것을 보여준다. 이것은 큰 회전수에서는 큰 토크를 발생할 수 없다는 의미가 된다.

DC 모터의 선정을 위해서는 필요한 부하 토크의 크기와 회전수를 먼저 고려해야 한다. 부하 토크의 크기를 정확하게 결정하는 것은 어렵지만 예를 들어 모터의 출력축에 반지름 r[m]인 풀리를 설치해서 F[N 또는 kgf]의 추를 들어 올리고자 할 때 토크 T는 F와 r의 곱으로 구할 수 있다(그림 2-8).

토크 T의 일반적인 단위는 [N·m]와 [kgf·m]이며, 소형 모터에서는 [mN·m]나 [gf·cm] 등의 단위도 자주 사용한다.

　※ 1kgf=1kg×9.8m/s²=9.8kg·m/s²=9.8N
　※ 1kgf는 1kg의 질량을 갖는 물체에 지구 표면에서의 중력이 작용해 발생하는 힘의 크기이다.

여기서 단위에 대해 명확히 이해하고 넘어가야 한다. 즉, 이들로부터 나오는 토크 단위로는 [kgf·cm]가 있을 수 있는데, 이것은 1[kgf·cm]=1/100[kgf·m]=1/100×9.8[N·m]의 관계를 갖는다는 것을 쉽게 이해할 수 있어야 한다. 또 [gf·cm]의 경우 1[gf·cm] = 1/1000[kgf·cm] =1/1000×1/100[kgf·m]=1/1000×1/100×9.8[N·m]의 관계도 쉽게 이해할 수 있어야 한다.

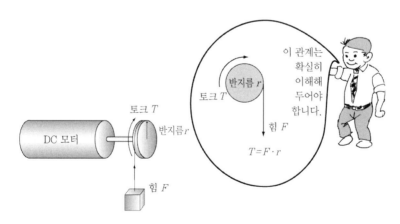

그림 2-8 토크와 힘의 관계

일반적으로 DC 모터의 출력축으로부터의 회전은 1분간 수천 회 정도로 회전수가 크고 토크가 작은 경우가 많기 때문에 출력축에 감속기어장치를 설치해서 회전수를 낮춤으로써 토크를 크게 하는 방법을 사용하고 있다. 감속이론은 기어 부분에서 설명할 것이지만, 출력축에 기어헤드라고 하는 감속장치를 설치하면 편리하다(그림 2-9).

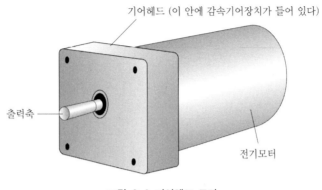

기어헤드 (이 안에 감속기어장치가 들어 있다)

출력축

전기모터

그림 2-9 기어헤드 모터

② AC 모터

AC 모터란 전압이 시간과 함께 주기적으로 변동하는 교류(AC; Alternating Current)전압으로 작동하는 전기모터로, 교류모터라고도 한다. 교류에는 일반 가정으로 공급되는 단상교류와 공장 등으로 공급되는 3상 교류가 있다(그림 2-10). 3상 교류에서는 세 개의 송전선이 서로 120°의 위상차를 가진다.

교류모터는 송전되는 전기의 주파수(50Hz나 60Hz)에 대응해서 자기장이 발생하는 원리로 회전하는 것인데, 그 동작원리에 따라 유도모터와 동기모터로 나누어진다.

유도모터는 고정자가 만드는 회전자기장에 의해 전도체의 회전자에 유도전류가 발생하여 미끄러짐에 대응한 회전토크를 발생시키는 것이다. 이 원리는 알루미늄 등의 도전체로 원판을 만들고 거기에 자석을 가까이 해서 원판을 따라 돌리면 원판이 회전한다고 하는 아라고의 원판을 이용한 것이다.

이와 달리 동기모터는 전류의 주파수로 정해지는 회전자기장과 동일한 속도로 회전시키는 것이다. 회전수는 교류의 주파수에 의존하기 때문에 인버터의 출력주파수를 정밀하게 유지함으로써 속도를 정확하게 유지할 수가 있어 유도모터에 비해 효율이 높다는 특징이 있다.

속도나 출력의 제어가 어려웠던 AC 모터도 인버터를 이용함으로써 제어기술이 향상되어 철도 차량용 모터 등 용도가 늘어나기는 했지만 로봇용 모터로서는 아직 DC 모터만큼 많이 사용되지는 않고 있다.

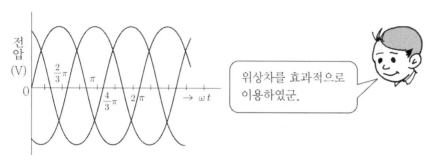

위상차를 효과적으로 이용하였군.

2-10 3상 교류

③ 스테핑모터

스테핑모터는 일정한 각도만큼 움직이는 펄스신호를 보내서 작동시키는 모터이다. 펄스신호를 발생시키기 위해서는 전용 모터드라이브가 필요하지만 디지털신호로 제어할 수 있기 때문에 정밀하게 위치를 지정하는 제어가 가능하다.

또한 전기가 통하는 상태에서는 정지 시에 유지 토크가 있다는 것도 큰 특징이다. 프린터나 복사기, 팩스 등의 분야에서 이미 폭넓게 활용되고 있는 스테핑모터는 로봇에서도 정밀한 위치 결정이 필요한 부분에 사용되고 있다.

스테핑모터에는 영구자석의 회전을 이용한 PM형(Permanent Magnet Type), 영구자석 대신 기어 모양의 철심이 들어 있는 VR형(Variable Reluctance Type), PM형과 VR형의 장점을 모두 갖춘 HB형(Hybrid Type) 등이 있다. 비교적 소형이고 저렴해서 많이 사용되는 것은 PM형이며, 토크가 큰 HB형은 대형 공작기계나 로봇 암 등에 사용되고 있다.

스테핑모터는 고정자에 여러 개의 코일이 있고 전류를 통하는 코일을 전환시키면서 동작을 하게 만든다. 이때의 여자(코일에 전류를 통해서 자속을 발생시키는 것)방식에는 1상의 코일만을 여자한 1상 여자, 2상의 코일을 여자해서 출력토크를 크게 하는 2상 여자, 1상과 2상의 여자를 교대로 주어서 정밀한 위치 결정을 가능하게 하는 1-2상 여자 등이 있다(그림 2-11).

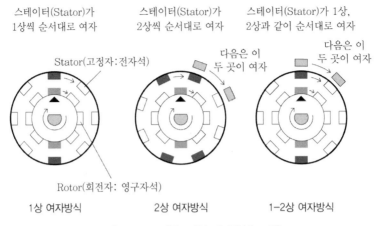

스테이터(Stator)가
1상씩 순서대로 여자

스테이터(Stator)가
2상씩 순서대로 여자

스테이터(Stator)가 1상,
2상과 같이 순서대로 여자

Stator(고정자: 전자석)

다음은 이
두 곳이 여자

다음은 이
두 곳이 여자

Rotor(회전자: 영구자석)

1상 여자방식

2상 여자방식

1-2상 여자방식

그림 2-11 스테핑모터의 여자방식(PM형)

1상 여자방식은 전류를 ON-OFF하면서 제어하는 경우가 많은데, 이를 풀스텝(Full Step) 제어라고 한다. 이 경우 모터의 제어 가능한 스텝(Step)각도는 모터의 구조에 의해 자동으로 결정된다. 1-2상 여자방식도 ON-OFF하면서 제어를 하는데 한 번은 하나의 코일, 다음은 인접한 두 개의 코일을 ON-OFF시키는 것을 하프스텝(Half Step) 제어라고 한다. 이 경우 풀스텝 제어보다 반으로 줄어드는 스텝각도를 가진다. 2상 여자방식은 전류의 크기를 조절하면서 회전자가 부드럽게 회전하도록 하는데, 이를 마이크로스텝(Micro Step) 제어라고 한다. 인접한 두 코일의 전류 크기에 따라 어느 곳이던지 위치 결정은 가능하다. 이들은 모터의 종류에 따라서 달라지는 것이 아니고 모터를 어떻게 제어해야 하는지가 중요한 문제이다.

④ RC 서보모터

서보 제어는 모터의 위치와 속도 등을 제어량으로 해서 목표값과 결과를 항상 비교하여 그 차이를 없애기 위해 노력하는 제어방식이다. 여기서 주의할 것은 모터의 종류에서 서보모터라는 것은 없다는 것이다. 정확히 말하면 DC 모터를 서보 제어하는 것이지 모터의 종류에 서보모터가 있는 것은 아니다. 이제부터 서보모터라는 용어는 서보 제어되는 모터를 의미한다고 생각하면 된다.

이들 중에 가장 간단하게 서보 제어되는 모터를 RC 서보모터라고 한다(그림 2-12). RC는 'Radio Controlled'의 줄임말로, 장난감 등을 무선 제어하는 데 많이 사용되는 모터이였기 때문에 RC 서보모터라고 불리고 있다. 그 내부는 DC 모터와 각도를 센싱하는 포텐셔미터(Poten-tiometer) 그리고 서보 제어하는 전자회로로 구성되어 있다. 즉, RC 서보모터는 모터, 각도센서, 서보 제어를 합해서 사용이 용이하도록 만들어진 시스템이라 할 수 있다.

　서보모터의 특징으로는 응답성이 우수하고 시동과 정지를 신속하게 반복할 수 있다는 점을 들 수 있다. 종류로는 DC 서보모터와 AC 서보모터가 있지만 최근에는 자동차 등의 무선조종용으로 사용되는 RC 서보모터를 로봇에 알맞게 개량한 로봇용 서보모터가 많이 등장하고 있다. 여기서는 산업용으로서 서보 제어되는 정밀한 모터에 대한 설명은 생략하고 RC 서보모터를 중심으로 설명하고자 한다.

　RC 서보모터에는 소형 DC 모터와 감속기어장치, 회전각도 센서, 제어를 위한 전자회로 등이 작은 케이스 안에 들어 있다.

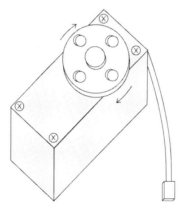

그림 2-12 RC 서보모터

　RC 서보모터의 성능은 먼저 유지토크[kgf·cm]의 크기로 나타낸다. 자동차의 무선조종용은 토크보다도 회전수가 필요하지만 로봇용의 경우에는 회전수보다는 토크가 필요한 경우가 많기 때문에 토크의 크기가 어느 정도인지가 모터 선정에 있어 중요한 지표가 된다. 현재 소형 휴머노이드 로봇에 많이 사용되고 있는 RC 서보모터의 토크는 보통 5~10[kgf·cm]이지만 20~40[kgf·cm] 정도로 토크가 큰 제품도 있다.

　토크 다음으로 선정의 지표가 되는 것은 모터의 속도이다. 이것은 모터의 출력축을 60° 회전시키는 데 필요한 시간으로 나타낸다. 예를 들어 0.12[sec/60°]라는 표기는 모터의 출력축이

60° 회전하는 데 0.12초 걸린다는 것을 의미한다.

RC 서보모터는 회전을 지속시키는 데 이용하는 것이 아니라 일정 범위를 신속하게 움직이도록 하는 데 주안점이 놓여 있기 때문에 가동범위가 1회전인 360°에 미치지 못하는 것이 대부분이며 대체로 260°나 300°로 정해져 있다. 그 때문에 이 가동범위가 몇 도인지 하는 것도 모터 선정에 있어 중요한 사항이 된다(그림 2-13).

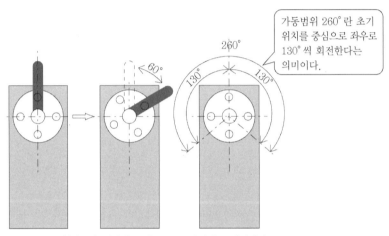

0.12[sec/60°]란 60° 회전하는 데 0.12초 걸린다는 의미이다.

그림 2-13 RC 서보모터의 성능

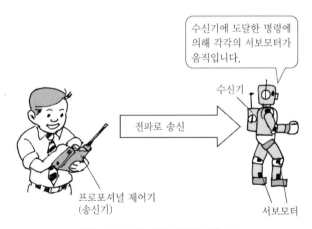

그림 2-14 RC 서보모터의 사용 예

이 밖에 모터를 움직이기 위해 필요한 전원전압(예를 들면 6~12V), 모터 자체의 크기나 질량 등도 선정 시 중요한 요소가 된다. 또한 RC 서보모터는 원래가 무선조종용이므로 무선조종용 프로포셔널(Proportional ; 비례) 제어기와 세트로 사용하는 것이 일반적이다. 즉, 프로포셔널 제어기를 조작함으로써 로봇 본체에 탑재된 수신기에 신호가 전달되고 스틱의 기울기에 비례한 각도만큼 RC 서보모터를 회전시키게 되는 것이다(그림 2-14). 한편 프로포셔널 제어기는 무선통신장치의 일종이기 때문에 그 사용에 있어서는 전파법에 따른 전파의 형식과 주파수를 따라야 한다.

(3) 솔레노이드 (Solenoid)

솔레노이드는 전자석의 코일에 전류를 가했을 때 발생하는 전자력에 의해 흡인력(당기는 힘 또는 미는 힘)을 발생시키는 액추에이터(Actuator)이다(그림 2-15). 솔레노이드에는 AC 솔레노이드와 DC 솔레노이드가 있는데, 흡인력이나 스트로크(Stroke ; 직선운동 크기)는 AC 솔레노이드(흡인력 200N 정도, 스트로크 40mm 정도)가 DC 솔레노이드(흡인력 50N 정도, 스트로크 10mm 정도)보다 대형이고 동작도 빠르다(그림 2-16). 소형 로봇용으로는 DC 솔레노이드 쪽이 폭넓게 사용되고 있다. 솔레노이드는 흡인력이나 스트로크가 그다지 크지 않지만 그 사용방법이나 구조가 간단해 가전제품이나 자동판매기, 의료·간호기기, 오락기기에 이르기까지 폭넓게 사용할 수 있어 제어가 필요한 곳에는 반드시 솔레노이드가 있다고 해도 과언이 아닐 정도이다. 각 제품마다 사용방법은 다르겠지만 솔레노이드는 어느 부분과 어느 부분의 개폐나 전환 등을 담당하는 부분 등에 사용된다. 즉, 솔레노이드는 공압 액추에이터와 같이 두 지점을 빠르게 왕복하는 운동을 하며 그 중간에 정지할 필요가 없는 경우에 사용된다.

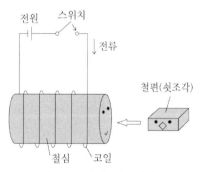

그림 2-15 솔레노이드의 원리

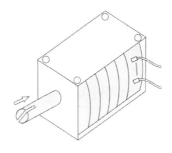

그림 2-16 솔레노이드

DC 솔레노이드의 종류에는 전류가 흐를 때에 가동철심을 중심으로 당기는 힘을 주는 풀 (Pull)형, 가동철심을 바깥쪽으로 미는 힘을 주는 푸시(Push)형이 있다(그림 2-17). 이들 모두 반대방향으로의 복원력은 스프링을 이용한다. DC 솔레노이드의 흡인력 크기는 전류전압을 변화 시킴으로써 제어할 수가 있다. 실제로는 솔레노이드의 선단부를 어떤 메커니즘(Mechanism)과 결합해야 하므로 선단부는 단순한 원통형이 아니라 미리 골이나 홈이 파여 있어 메커니즘과의 연결이 용이하도록 되어 있다.

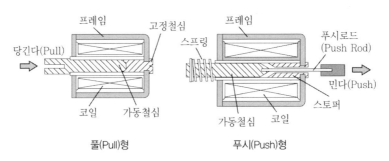

그림 2-17 DC 솔레노이드의 종류

(4) 전자밸브

전자밸브는 유체의 흐름을 제어하기 위해 전자석의 힘을 이용해서 밸브를 개폐하는 액추에이 터이다(그림 2-18). 솔레노이드를 이용하기 때문에 솔레노이드 밸브라고도 한다. 솔레노이드와 밸브를 결합한 것으로 이해하면 된다. 따라서 고속으로 솔레노이드를 작동시켜 유체(기체 또는 액체)의 흐름을 제어한다. 밸브의 개폐에는 전기신호가 이용되는데, DC 24V 등의 전압을 걸어 작동시키는 것이 그 한 예이다.

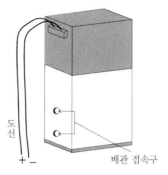

그림 2-18 전자밸브

전자밸브는 흐르는 유체의 통로의 개수에 해당하는 포트의 개수와 포트 지름의 크기, 조작방법의 차이에 따라 종류가 다양하다. 2포트 밸브에는 전기가 통하지 않을 때 열려 있다가 전기가통할 때 닫히는 상시개형(NO; Normal open)과 전기가 통하지 않을 때 닫혀 있다가 전기가 통할 때 열리는 상시폐형(NC; Normal closed)이 있다. 이들은 간단한 ON-OFF 제어로 작동된다(그림 2-19).

그림 2-19는 공기압 표시기호를 이용해서 이 관계를 나타낸 것이며 여기서 P(Pressure)는공급구, A는 출구를 나타낸다. 이 그림에서 상단은 전류를 흘렸을 때이고 하단은 전류를 차단했을 때의 상태를 나타낸다.

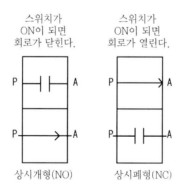

그림 2-19 2포트 전자밸브

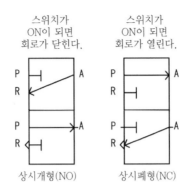

상시개형(NO)   상시폐형(NC)

그림 2-20 3포트 전자밸브

3포트 전자밸브에서는 솔레노이드의 ON-OFF에 의해 3개의 포트를 전환한다(그림 2-20). 이것은 공기의 공급구가 한 곳인 단순형 공기압 실린더를 움직이는 경우 등에 사용하며 P에 공기압축기를 접속해서 압축공기를 공급하고 A에 공기압 실린더를 접속해서 작동시킨다. 여기서 R(Reverse)은 배기구이며 여기로부터 공기를 대기중으로 방출한다.

5포트 전자밸브는 솔레노이드의 ON-OFF에 의해 5개의 포트를 전환한다(그림 2-21). 이것은 공기의 공급구가 두 곳인 복동형 공기압 실린더를 움직이는 경우 등에 사용하며 P에 공기압축기를 접속해서 압축공기를 공급하고 A와 B에 공기압 실린더를 접속해서 작동시킨다. 여기서 R_1과 R_2는 배기구이며 이 곳으로부터 공기를 대기중으로 방출한다.

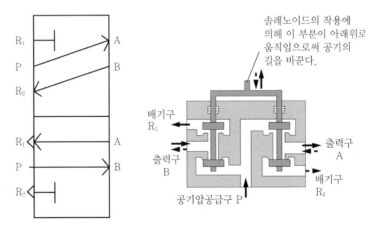

그림 2-21 5포트 전자밸브

(5) 공기압 고무인공근육

최근 간호 로봇과 같이 인간과 접하는 로봇의 액추에이터로 유연성이 있으면서 파워를 낼 수 있는 공기압 고무인공근육이 주목을 받고 있다. 여기서는 공기압 고무인공근육을 이용한 휴머노이드 모델을 소개한다.

공기압 고무인공근육은 내부에 압축공기를 보냄으로써 전체가 길이 방향으로 수축할 수 있는 액추에이터이다. 시판되고 있는 제품도 있지만 자전거의 고무튜브에 실을 감아 간단히 만들 수도 있다. 이 경우 0.1~0.2 MPa의 공기압을 가했을 때 약 20%의 수축률을 얻을 수 있는 공기압 고무인공근육을 만들 수 있다(그림 2-22).

공기압 시스템의 구성은 일반적인 공기압 실린더의 제어회로와 마찬가지로 공기압축기 → 공기압 조정 유닛 → 전자밸브·매니홀드 → 공기압 고무인공근육으로 구성된다.

그림 2-22 공기압 고무인공근육

2-2 스위치와 센서

(1) 스위치와 센서

전기회로를 움직이기 위해서는 무언가 신호를 입력해야 한다. 가장 간단한 것은 수동으로 조작하는 스위치인데 스위치에도 여러 종류가 있으므로 적합한 것을 선택해야만 기기를 정확하고 효율적으로 작동시킬 수 있다(그림 2-23).

그림 2-23 스위치

로봇경연대회 등에서는 수동으로 조작하는 로봇을 많이 볼 수 있는데 대부분의 로봇에는 외부의 상황을 감지하는 입력장치로 센서가 사용된다. 센서란 각종 물리량이나 화학량을 전기신호로 변환해서 검출하는 부품으로, 자율형 로봇에게는 반드시 필요한 전기부품이다(그림 2-24).

그림 2-24 센서

(2) 스위치

스위치는 전기회로의 개폐를 담당하는 전기부품이다. ON-OFF의 전환이 기본적인 기능이지만 ON-ON과 같이 전류가 흐르는 방향을 바꾸거나 ON-OFF-ON과 같이 전류가 흐르는 방향을 바꾸면서 정지가 가능한 것도 있다. ON-OFF-ON 스위치는 전기모터의 정전-정지-역전 등의 조작을 하는 경우에도 이용된다. 이러한 스위치는 배선에 있어서도 단순히 플러스와 마이너스가 하나씩 있는 것이 아니라 배선개소가 늘어나기 때문에 각 스위치의 구조를 이해하여 배선작업을 해야 한다.

또한 스위치에는 공급할 수 있는 전기의 정격치(정격전압이나 허용전류 등)가 정해져 있으므로 큰 전류를 취급하는 경우에는 주의해야 한다(그림 2-25). 이는 전기회로를 구성하는 케이블(도선)에 대해서도 마찬가지이다. 정격치 이상의 전기를 가하면 발열이나 발화의 위험이 있으므로 충분히 주의해야 한다.

수동조작으로 움직이는 로봇 등에서는 스위치의 선정이 로봇의 움직임에 큰 영향을 주는 경우가 적지 않다. 적합한 종류의 스위치를 선정하기 위해서는 대표적인 스위치에 대해 알아둘 필요가 있다.

ON-OFF-ON으로 전진·정지·후진을 할 수 있습니다.

발열할 수 있으므로 큰 전류가 흐르지 않도록 주의해 주세요.

그림 2-25 전기의 정격치를 지킨다.

① 토글(Toggle) 스위치

토글 스위치는 레버를 조작함으로써 ON과 OFF의 두 가지 상태를 전환하는 스위치이다(그림 2-26). 이것을 영어로는 Toggle이라고 표기하기 때문에 이런 이름이 붙여지게 되었다. 실제로는 앞서 말한 대로 단순한 ON-OFF뿐만 아니라 ON-ON이나 ON-OFF-ON 등과 같은 종류도 있다. 또한 레버에는 손을 떼었을 때 그 위치가 유지되는 것과 스프링 등이 매입되어 있어 손을 떼면 원래의 위치로 되돌아가는 것 등이 있다.

로봇경연대회에서는 수동으로 조종하게 되는데, 이때 많이 사용되는 것이 바로 이 토글 스위치이다. 일반적으로는 이 스위치를 3개 또는 4개 사용해서 로봇을 조종한다(그림 2-27).

그림 2-26 토글 스위치

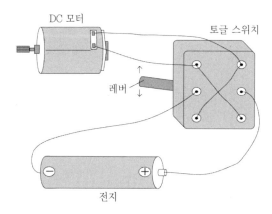

그림 2-27 DC 모터의 정전·역전회로

② 로커(Rocker) 스위치

로커 스위치는 토글 스위치의 레버에 판 모양의 부품과 버튼을 달아서 손가락에 접촉되는 부분의 면적을 크게 만든 스위치이다(그림 2-28). 조작성도 우수하고 개폐를 확실하게 할 수 있다는 특징이 있으며 내부에 LED 등을 매입해서 ON 상태에서 빛이 나오도록 한 것도 있다.

그림 2-28 로커 스위치

③ 누름버튼(Push Button) 스위치

누름버튼 스위치는 접촉부에 원통형이나 직사각형 모양의 버튼이 있는 스위치이다(그림 2-29). 기본적으로 접촉 부위의 상하운동에 의해 ON 동작을 하는 것이며 토글 스위치나 로커 스위치와 같은 전환동작은 할 수 없다. 종류로는 버저와 같이 버튼을 누르고 있는 동안만 ON하는 것이나 버스의 승강 스위치처럼 버튼을 누른 다음 손을 떼도 ON 상태인 것, 내부에 LED 등을 매입해서 ON 상태에서 빛이 나오도록 한 것이 있다.

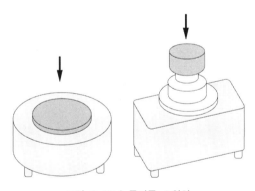

그림 2-29 누름버튼 스위치

④ 슬라이드(Slide) 스위치

슬라이드 스위치는 조작부를 직선적으로 움직여서 접점을 개폐하는 스위치이다(그림 2-30). 이 스위치는 회로기판에 매입해서 사용하는데 빈번하게 개폐를 반복하는 부분보다는 확실히 개폐상태가 유지되어야 하는 부분에 사용된다.

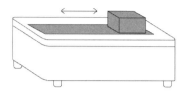

그림 2-30 슬라이드 스위치

⑤ 로터리(Rotary) 스위치

로터리 스위치는 원운동을 하는 조작부(노브; Knob)와 고정된 여러 개의 접점으로 구성된 스위치이다. 조작부를 360° 범위로 사용할 수 있기 때문에 여러 개의 회로를 간결하게 정리할 수 있다(그림 2-31).

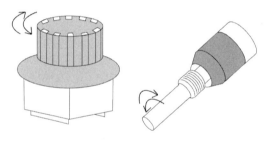

그림 2-31 로터리 스위치

⑥ 택트(Tact) 스위치

택트 스위치는 5mm 높이 정도의 중앙의 스위치를 누르고 있는 동안에만 ON이 되는 스위치이다(그림 2-32). 컴퓨터 마우스의 클릭 느낌을 연출해내는 것도 이 스위치가 하는 기능이다.

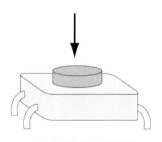

그림 2-32 택트 스위치

(3) 센서(Sensor)

로봇이 혼자서 외부의 상황을 감지하고 스스로 판단해서 움직이려면 센서 사용은 필수이다. 인간에게는 외부 세계를 감지하기 위한 시각, 청각, 촉각, 미각, 후각의 오감이 있다(그림 2-33). 센서를 분류할 때는 힘의 감지 등을 포함시켜 외부 세계를 감지하는 센서를 외계 센서라 고 하는데, 로봇에는 위치나 토크, 속도, 가속도 등 내부의 상태를 감지하는 내계 센서도 많이 사용되고 있다.

센서에는 스위치와 마찬가지로 공급할 수 있는 전기의 정격치(정격전압이나 허용전류 등)가 정해져 있으므로 이 범위 안에서 작동하도록 적절한 것을 골라 사용해야 한다.

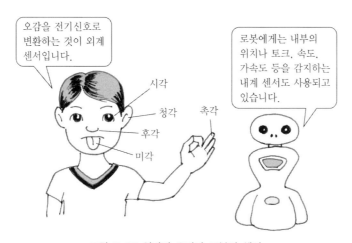

그림 2-33 인간의 오감과 로봇의 센서

① 마이크로(Micro) 스위치

마이크로 스위치는 3mm 또는 그 이하의 매우 작은 접점 간격과 스냅액션 기구를 갖고 있으 며 물체와 물리적인 접촉을 하게 되면 그 접촉력에 의해 개폐가 되는 스위치이다(그림 2-34). 이 스위치는 저렴하고 종류도 다양하며 폭넓은 범위의 전류를 ON-OFF할 수 있는 위치를 검출 하는 센서라고 할 수 있다. 접점에는 회로가 닫히면 ON 동작을 하는 a접점과 회로를 열면 ON 동작을 하는 b접점 등 몇 가지 종류가 있으므로 적합한 것을 선택해야 한다. 한편 마이크로 스 위치를 케이스에 넣은 것을 리밋(Limit) 스위치라고 한다.

마이크로 스위치는 곤충의 더듬이와 같은 촉각 센서용으로 로봇에 매우 간단하게 장착할 수가 있다(그림 2-35).

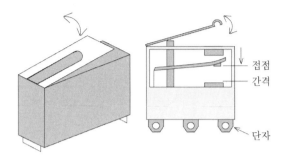

그림 2-34 마이크로 스위치

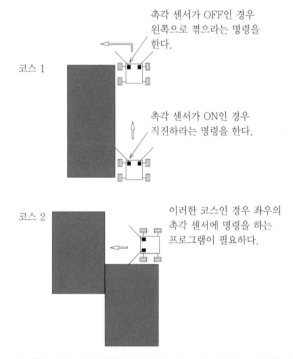

촉각 센서가 OFF인 경우
왼쪽으로 꺾으라는 명령을
한다.

코스 1

촉각 센서가 ON인 경우
직진하라는 명령을 한다.

코스 2

이러한 코스인 경우 좌우의
촉각 센서에 명령을 하는
프로그램이 필요하다.

그림 2-35 촉각 센서로의 이용(로봇이 벽에 붙어서 따라가는 작업을 할 경우)

② 광전 센서

광전 센서는 빛을 전기신호로 변환하는 센서인데 비접촉상태에서 물체의 접근이나 유무를 검출할 수 있기 때문에 폭넓게 이용되고 있다(그림 2-36). 빛을 내는 발광부와 빛을 받아들이는 수광부로 구성된다. 센서의 종류에는 발광부와 수광부가 동일 평면 위에 있고 빛을 대상물의 표면에 반사시켜서 그 때 되돌아오는 빛을 검출하는 광반사형과 발광부와 수광부가 직선상에서 서로 마주보면서 떨어져 설치되어 대상물이 그 사이를 통과하면서 빛을 차단하는 것을 검출하는 광투과형이 있다.

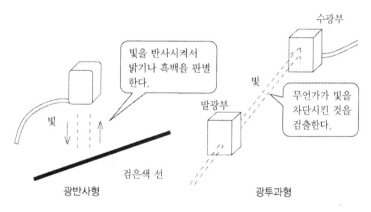

수광부

빛을 반사시켜서
밝기나 흑백을 판별
한다.

빛

발광부

빛

무언가가 빛을
차단시킨 것을
검출한다.

빛

검은색 선

광반사형

광투과형

그림 2-36 광전 센서

발광부에 많이 사용되는 발광다이오드(LED; Light Emitting Diode)는 반도체의 PN 접합부에 전류가 흐르면 빛을 내는 전기소자이다(그림 2-37). 수광부는 반대로 빛을 쪼이면 전류가 흐르는 광전효과를 이용한 전자부품이다. 빛을 감지하는 감광다이오드나 감광트랜지스터가 사용된다. 이 부품은 입사한 빛에 대한 응답이 정확하고 잡음이 적은 전기신호를 골라낼 수 있기 때문에 널리 사용되고 있다. 다만 출력을 위해 골라낼 수 있는 전기신호의 크기가 작아 트랜지스터를 설치해서 포토트랜지스터라는 형태로 사용하는 경우도 많다. 광전 센서는 흑백을 판별하면서 검은색 선 위를 주행하는 라인 트레이서(Line Tracer) 로봇 등에 많이 사용된다(그림 2-38).

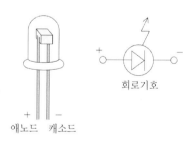

+   −

회로기호

+   −
애노드 캐소드

그림 2-37 발광다이오드(LED)

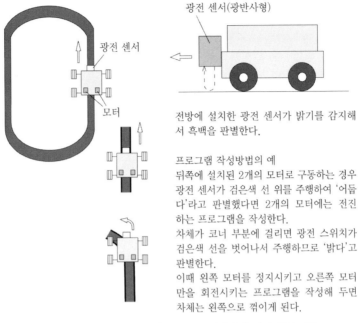

전방에 설치한 광전 센서가 밝기를 감지해서 흑백을 판별한다.

프로그램 작성방법의 예
뒤쪽에 설치된 2개의 모터로 구동하는 경우 광전 센서가 검은색 선 위를 주행하여 '어둡다'라고 판별했다면 2개의 모터에는 전진하는 프로그램을 작성한다.
차체가 코너 부분에 걸리면 광전 스위치가 검은색 선을 벗어나서 주행하므로 '밝다'고 판별한다.
이때 왼쪽 모터를 정지시키고 오른쪽 모터만을 회전시키는 프로그램을 작성해 두면 차체는 왼쪽으로 꺾이게 된다.

그림 2-38 라인 트레이서(Line Tracer)에서의 광전 센서 이용

③ 근접 센서(Proximity Sensor)

근접 센서는 광전 센서와 마찬가지로 비접촉상태에서 물체의 접근이나 유무를 검출할 수 있는 것인데, 그 원리의 차이에 따라 몇 가지로 분류된다(그림 2-39).

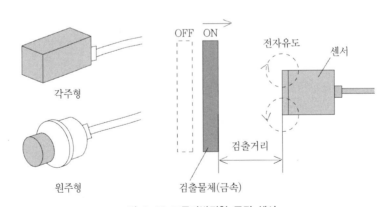

그림 2-39 고주파발진형 근접 센서

고주파발진형 근접 센서는 이 자기장에 검출물체(금속)가 가까이 왔을 때 전자유도에 의해 검출물체에 흐르는 유도전류를 검출함으로써 작동한다.

정전용량형 근접 센서는 검출물체와 센서 사이에 발생하는 정전용량의 변화를 검출함으로써 작동한다. 액체, 플라스틱 등 금속 이외의 물체도 검출이 가능하다(그림 2-40).

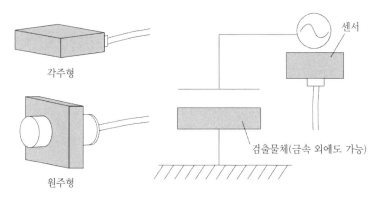

그림 2-40 정전용량형 근접 센서

④ 포텐셔미터 (Potentiometer)

포텐셔미터는 회전각이나 이동량을 전압으로 변환하는 센서이며 회전각도를 검출하는 로터리(Rotary) 포텐셔미터와 직선 위의 위치를 검출하는 리니어(Linear) 포텐셔미터가 있다(그림 2-41). 그 구조는 기본적으로는 가변저항기와 마찬가지이며, 저항체(Resistor)를 기준으로 와이퍼(Wiper)의 위치에 따라 전압의 크기가 달라지는 점을 이용한다. 즉, 2개의 고정전극의 양끝에 기준전압을 걸어 가동전극(와이퍼)의 전압을 측정함으로써 가동전극의 위치를 판정하는 방식이다.

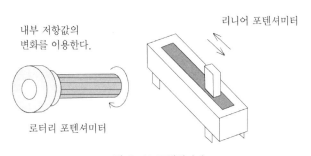

그림 2-41 포텐셔미터

로봇에서는 관절의 회전각을 측정하는 경우 등에 많이 사용되고 있으며 회전각의 데이터는 피드백 신호로 사용된다. 로터리 포텐셔미터의 회전은 1회전(360°) 이하인 것과 다회전하는 것이 있기 때문에 정확하게 구별해야 한다(그림 2-42).

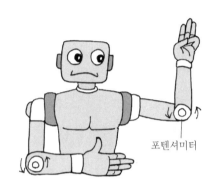

그림 2-42 로봇의 관절에 사용되는 포텐셔미터

⑤ 인코더 (Encoder)

인코더는 회전각이나 이동량을 측정하기 위해 광전 센서와 각도(또는 위치)에 따라 빛의 통과를 결정하는 판으로 구성된 센서이다. 회전각도를 검출하는 로터리(Rotary) 인코더와 직선 위의 위치를 검출하는 리니어(Linear) 인코더가 있다. 이것만 보면 포텐셔미터와 같지만 다른 점은 포텐셔미터가 아날로그량을 취급하는 것과 달리 인코더는 아날로그(Analog)량을 디지털(Digital)량으로 변환시키는 기능을 갖고 있다는 것이다. 또한 포텐셔미터에는 물리적 접촉면이 있지만 인코더는 접촉부분이 없기 때문에 수명이 길다.

로터리 인코더의 측정원리는 슬릿(Slit)이 있는 회전판(Disk)을 통과하는 빛의 명암을 검출해서 회전각을 계측하는 것인데, 회전량에 비례하는 펄스열을 출력하는 인크리멘털(Incremental; 증분)형과 회전각에 따른 절대값을 출력하는 앱솔루트(Absolute; 절대)형 등이 있다(그림 2-43).

리니어 인코더는 직선방향의 이동을 계측하는 것이다(그림 2-44). 여기에서도 마찬가지로 직선판을 따라 배열된 슬릿을 통과하는 빛을 계측한다. 한편 로터리 인코더에 와이어 등을 연결하면 직선운동 또는 곡선운동을 하는 물체의 위치를 계측할 수 있다.

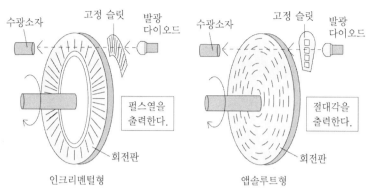

그림 2-43 로터리 인코더

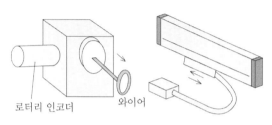

그림 2- 44 리니어 인코더

⑥ 스트레인 게이지(Strain Gauge)

재료에 인장력(양쪽에서 당기는 힘)을 가하면 이 힘에 대응한 응력(Stress)이 재료 내부에 발생한다(그림 2-45). 이때 응력에 비례해 변형이 생겨 재료가 늘어나게 된다. 여기서 스트레인(변형도 또는 변형률)이란 원래의 길이에 대한 길이의 변화의 비율을 말한다. 한편 재료에 압축력(양쪽에서 미는 힘)이 가해졌을 때는 압축의 변형이 발생한다.

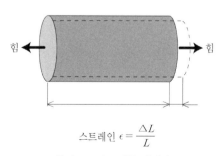

스트레인 $\epsilon = \dfrac{\triangle L}{L}$

그림 2-45 스트레인 게이지

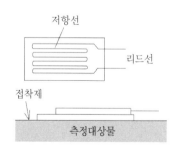

그림 2-46 스트레인 게이지의 구조

금속에 외력을 가해 신축시키면 어떤 범위 내에서 그 전기저항값도 변화한다. 인장력에 의한 변형은 길이를 늘어나게 하고 단면의 크기를 줄어들게 한다. 압축력으로는 반대 현상이 나타난다. 전기저항은 금속의 길이에 비례하고 단면의 크기에 반비례한다는 원리를 이용한다. 즉, 변형이 발생하는 측정대상물에 이 금속을 붙여놓으면 측정대상물의 신축에 비례해서 금속이 신축하여 전기저항값이 변화하는 원리를 이용하는 것이다. 여기서 금속과 측정대상물 사이는 절연이 되어 있어야 한다. 스트레인 게이지는 이 저항 변화에 의해 변형을 측정하는 일종의 센서이다.

스트레인 게이지의 구조는 얇은 전기절연체 바탕 위에 격자모양의 저항선을 형성하고 리드선으로 연결한 것이다(그림 2-46). 이것을 측정대상물의 표면에 전용 접착제로 접착해서 저항률의 변화를 통해 스트레인을 측정한다.

스트레인 게이지를 이용해 인장하중이나 구부림하중을 받았을 경우 스트레인을 측정하는 방법을 그림 2-47에 나타내었다. 측정대상물에 붙여진 스트레인 게이지의 리드선은 휘트스톤 브리지(Wheatstone Bridge) 회로를 경유하여 전기량으로 변환한다. 구부림하중의 경우는 2개의 스트레인 게이지를 이용해서 구부림을 측정할 수 있다. 그림에서 위쪽에서는 인장력, 아래쪽에서는 압축력을 받게 된다.

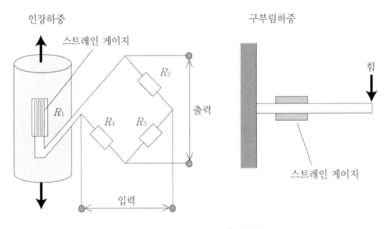

그림2-47 스트레인의 측정방법

스트레인 게이지의 측정원리는 저항률의 변화와 스트레인(변형률) 사이에 비례관계가 있다는 것을 이용한 것이다. 여기서 양자 사이에 있는 비례상수는 게이지율이라고 하며 스트레인 게이지의 성능을 나타내는 중요한 값이 된다. 일반적인 금속선을 사용한 스트레인 게이지의 게이지율은 2 정도인데 보다 고감도의 반도체 스트레인 게이지에서는 게이지율이 200 정도로 높아진다.

저항률의 변화와 스트레인 사이에 비례관계가 있다는 것은 다음 식으로 나타낼 수 있다.

$$\frac{\Delta R}{R} = K\frac{\Delta L}{L} \tag{1}$$

$\frac{\Delta R}{R}$은 저항률의 변화율, $\frac{\Delta L}{L}$은 스트레인, K는 게이지율

또한 스트레인 ϵ의 관계식에 식 (1)을 대입하면 식 (2)의 관계식이 성립하게 된다.

$$\epsilon = \frac{\Delta L}{L} = \frac{\frac{\Delta R}{R}}{K} = \frac{1}{K} \cdot \frac{\Delta R}{R} \tag{2}$$

스트레인 게이지는 기계나 구조물에 작용하는 변형을 직접적으로 고정밀·고응답으로 측정할 수 있기 때문에 폭넓게 사용되고 있다. 또한 스트레인 게이지는 하중이나 압력, 토크 등의 각종 물리량을 측정하기 위한 변환기로 사용하는 경우도 많다.

로드셀(Load Cell)은 인장 또는 압축의 하중을 측정하기 위한 센서이며 그 내부에는 스트레인 게이지가 사용된다(그림 2-48). 실제 변형이 일어나는 측정대상물과 스트레인 게이지를 일체화시켜 사용을 편리하게 해놓은 것이다. 로드셀은 주로 무게를 측정하는 데 사용하며 정밀한 저울에서 사용되는 센서의 대부분이 로드셀이다.

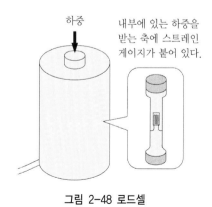

그림 2-48 로드셀

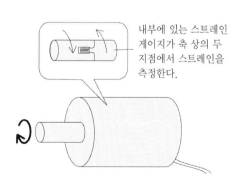

그림 2-49 토크 센서

토크 센서(Torque Sensor)는 회전축에 작용하는 토크를 측정하기 위한 센서이며 그 내부에는 스트레인 게이지가 사용된다. 토크 센서의 원리는 회전축이 비틀렸을 때 일어나는 축 상에서 떨어진 두 지점의 스트레인을 측정해서 이를 비교하여 토크를 구하는 것이다(그림 2-49).

⑦ 가속도 센서 (Accelerometer)

가속도 센서란 물체의 가속도를 검출하는 센서로, 뉴턴(Newton)의 운동의 법칙을 바탕으로 가속도가 질량에 작용했을 때 발생하는 힘으로부터 가속도를 검출한다(그림 2-50).

그림 2-50 가속도 센서

가속도 센서를 탑재한 기계를 갖고 있는 사람이 동작을 할 경우 '움직였다' '멈췄다'는 동작을 바로 알 수 있기 때문에 디지털 카메라의 손떨림 방지 기능이나 게임 컨트롤러 등에 널리 사용되고 있다. 또한 승용차의 에어백 시스템과 같이 충격(이 경우는 갑작스런 가속도의 변화)을 감지하는 곳에서도 가속도 센서가 사용된다.

가속도는 벡터(Vector)량이기 때문에 X, Y, Z축 성분이 있다(그림 2-51). 이들 3축 모두를 한 개의 센서로 검출하는 것이 3축 가속도 센서이다. 가속도 센서는 가속도를 측정하는 것이지만 센서 자체를 기울이면 중력가속도 G가 발생하기(즉, 아래 방향의 중력에 반응하기) 때문에 휴머노이드 로봇에 가속도 센서를 장착함으로써 로봇의 자세를 측정할 수가 있다.

가속도 센서의 검출방법에는 피에조 저항소자를 이용한 피에조(Piezo) 저항형이 있다(그림 2-52). 피에조 저항소자는 실리콘 단결정기판에 형성된 소자이며 기계적인 외력 등으로 인장력이나 압축력이 가해졌을 때 그 저항값이 증감하는 특징이 있다. 즉, 가속도를 피에조 저항소자의 저항변화로 검출할 수 있다.

　피에조 저항소자를 사용한 3축 가속도 센서는 작고 얇으며 성능이 좋아 휴대전화 등의 소형 휴대단말기나 소형 로봇 등에 탑재하는 경우가 늘어나고 있다. 3축의 가속도를 검출하는 것을 그림 2-53에 도식화하였다.

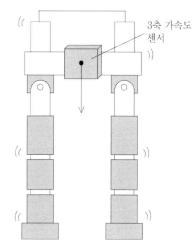

그림 2-51 로봇에 사용하는 가속도 센서

그림 2-52 피에조 저항소자

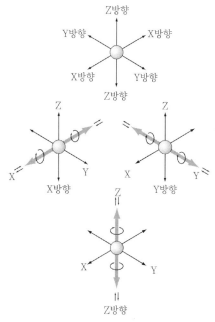

그림 2-53 3축 가속도 센서의 동작

⑧ 자이로 센서(Gyro Sensor)

자이로 센서는 1초당 각도의 변화량인 각속도를 검출하는 센서이다(그림 2-54). 그 검출방법에는 몇 가지가 있다. 진동식은 1방향으로 진동(1차 진동)하는 질량에 각속도가 발생했을 때 코리올리(Coriolis) 효과에 의해 여기에 수직방향으로 진동(2차 진동)이 발생하는 것을 이용한 것이다. 코리올리힘은 지구와 같은 회전체의 표면 위에서 운동하는 물체에 대해 그 물체의 운동속도의 크기에 비례하고 운동속도의 방향에 수직으로 작용하는 힘이다. 센서 소자에는 압전 세라믹 등이 사용되며 소형이고 신뢰성이 높은 제품도 있다. 자이로 센서는 가정용 비디오카메라의 손떨림 방지 기능 등에도 이용된다.

이족보행 로봇에 자이로 센서를 장착하면 어떤 방향으로 각속도가 가해졌을 때 그것을 소멸시키는 방향으로 자동적으로 서보모터를 움직일 수가 있다(그림 2-55). 자이로 센서가 있으면 평지에서는 물론 요철이 있는 지면이나 사면에서도 균형을 잡으면서 안정된 보행을 할 수가 있다.

내부에 있는 자이로 센서는 가로, 세로 1cm도 안 된다.

그림 2-54 자이로 센서

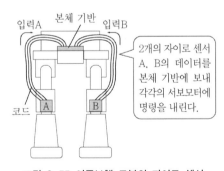

입력A 본체 기반 입력B

2개의 자이로 센서 A. B의 데이터를 본체 기반에 보내 각각의 서보모터에 명령을 내린다.

코드 A B

그림 2-55 이족보행 로봇의 자이로 센서

• 전원장치와 전지

로봇을 움직이려면 어떠한 형태로든 전기를 공급해야 한다. 여기서 소개하는 직류 전기를 공급하는 전원장치와 전지에 대해 이해해두면 로봇 개발에 도움이 될 것이다.

(1) 안정화 전원

안정화 전원은 이름 그대로 안정되게 전기를 공급하기 위한 전원장치이다(그림 2-56). 여기서 안정이란 일정 전압이나 전류와 같은 의미로, 볼륨을 회전시킴으로써 가변식으로 이들 값을 조정할 수가 있다. 직류 안정화 전원에는 일반적인 콘센트에서 공급되는 교류 100V 또는 220V로부터 직류전원을 만들어주는 정류기능이 있다. 선정할 때는 출력전압과 출력전류의 최대값을 결정해야 한다. 일반적인 사용기준으로는 최대전압 24V, 최대전류 2A 정도면 된다. 그러나 출력이 커질수록 장치가 커지고 무거워진다.

그림 2-56 안정화 전원

(2) 스위칭 모드(Switching Mode) 전원

스위칭 모드 전원은 안정화 전원의 일종으로, 전력을 변환·조정하기 위해 스위칭 소자를 이용해서 제어나 정류를 함으로써 안정된 직류전압을 공급하는 전원장치이다. 안정화 전원처럼 최대전압까지의 간격을 자유롭게 설정할 수 있는 것이 아니라 직류전압으로 많이 사용되는 3V, 5V, 6V, 12V, 24V 등으로 정해져 있기 때문에 필요한 전압과 전류를 선택해서 사용해야 한다.

스위칭 모드 전원은 전압을 변화시키는 것은 불가능하지만 가변식 안정화 전원에 비해 작고 가벼우며 고효율일 뿐만 아니라 가격도 저렴하기 때문에 많은 개인용 컴퓨터와 같은 전기기기에 널리 사용되고 있다(그림 2-57).

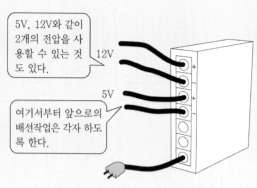

그림 2-57 스위칭 모드 전원

(3) 전지

전지에는 망간전지나 알칼리전지처럼 한 번 사용하면 다시 충전할 수 없는 1차 전지와 납축전지, 니켈수소전지, 리튬폴리머전지, 리튬이온전지처럼 충전할 수 있는 2차 전지가 있다. 전지의 크기는 국제기준, 미국기준, 그리고 일본 기준을 혼용해서 사용하는데 그 차이는 표 1과 같다. 우리나라는 국제기준을 따르지만 미국, 일본 방식을 모두 사용하기도 한다.

표 1. 전지의 크기

미국 기준	AAA	AA	C	D	4FM	FC-1
국제 기준	R03 (알칼라인 : LR03)	R06	R14	R20	4R25	6F22
일본 기준	UM4 (단4)	UM3 (단3)	UM2 (단2)	UM1 (단1)	4R25	006P
참　　고	제일 작은 사이즈	–	–	–	사각형의 랜턴용 전지	작은 사각형의 9V 전지

표 1에서와 같이 AAA나 AA란 건전지 사이즈를 의미하는 것이다. 가장 많이 사용되는 가장 흔한 건전지는 새끼손가락만한 크기의 AA형으로, 상점에 가서 소형 건전지를 달라고 하면 보통은 AA형을 줄 것이다. 카메라 플래시에는 거의 모두 AA형 전지가 사용되며 소형 라디오 등에도 많이 사용된다. AAA는 약간 더 짧고 가느다란 건전지로, TV 리모컨 등에 많이 사용된다. 이들의 일반적인 전압은 1.5V이다(그림 2-58).

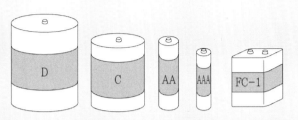

그림 2-58 전지의 크기의 종류(미국 기준)

소형 휴머노이드 로봇 등에 사용되는 전지로는 1차 전지보다도 가격은 다소 비싸지만 반복해서 충전할 수 있는 2차 전지를 사용하는 것이 결국 경비가 적게 든다. 하지만 2차 전지를 사용하기 위해서는 충전기가 있어야 하고 적절하게 사용하지 않으면 발열이나 발화의 위험이 있는 만큼 각별히 주의해야 한다.

2-3 기계요소

(1) 기계요소란

기계나 로봇을 새로 제작할 경우 모든 부품을 새롭게 만들어 사용해야 하는 것은 아니다. 대부분의 작업은 규격화된 기어나 나사 등의 기계요소를 선정해서 사용하기 때문에 기계요소에는 어떤 종류가 있고 어떻게 구분해서 사용하는지를 이해할 수 있어야 하며 KS 규격표나 부품제조회사의 카달로그를 보고 적합한 것을 선택할 수 있는 능력을 갖춰야 한다(그림 2-59).

여기에서 설명하려는 기계요소란 기어, 벨트, 체인, 베어링, 축, 커플링, 나사, 스프링 등을 말한다. 또한 메커니즘을 설계하는 기계학의 범위인 캠 구조나 링크 구조 등의 기본적인 사항도 설명하고자 한다. KS 규격표나 부품제조회사의 카탈로그에 실린 기계요소는 자동차 관련이나 가전제품 관련 등 현재 대량생산되고 있는 제품에 사용되고 있는 것이 중심을 이룬다. 그래서

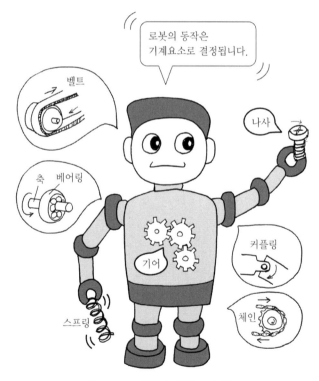

그림 2-59 로봇에 사용되는 기계요소

지금부터 만들어내고자 하는 로봇에 적당한 기계요소를 찾아내기 위해서는 자동화 부품제조회사의 카탈로그를 참고하는 것이 좋다. 로봇을 만들려고 하는 사람들은 현재 생산되고 있는 기계요소에 대해 충분히 이해하고 있어야 한다. 여기서는 특히 로봇 제작에 도움이 되는 기계요소에 대해 설명하기로 한다.

(2) 기어

① 기어란

기어는 원통 주위에 돌기를 만들어 그 하나하나가 서로 맞물리도록 함으로써 동력을 전달하는 기본적이고 중요한 기계요소이다(그림 2-60). 기어에는 ① 회전을 다른 위치로 전달하거나, ② 회전에 의해 동력(토크)을 전달하거나, ③ 회전에 의해 위치를 결정하는 등의 기능이 있다.

회전을 전달한다.　　　　　　　동력을 전달한다.

그림 2-60 기어의 기능 (2개의 그림은 같지만 목적은 서로 다르다.)

기어에는 각 부의 명칭이 정해져 있다(그림 2-61). 기어의 이끝 면을 연결한 원을 이끝원, 이뿌리 면을 연결한 원을 이뿌리원이라고 한다. 기어의 물림에서 중요한 것은 기어가 서로 맞물리는 피치점인데, 이 점을 연결한 것을 피치원이라고 한다.

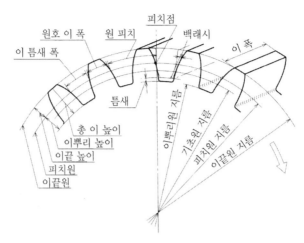

그림 2-61 기어 각부의 명칭

2개의 기어는 피치원 지름 d가 달라도 서로의 치형이 같으면 맞물린다. 치형은 모듈 m으로 표시하고 치수를 z로 나타내면 $m = d/z$의 관계가 성립된다(그림 2-62).

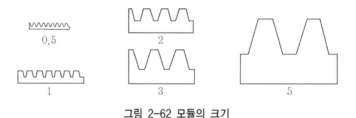

그림 2-62 모듈의 크기

② 기어의 종류

일반적인 기어는 톱니가 축에 평행한 평기어이다. 톱니를 완만하게 해서 물림을 부드럽게 한 것을 헬리컬기어라고 한다. 평기어를 평면모양으로 한 것을 래크(Rack)라고 하며 피니언(Pinion) 이라는 작은 평기어와 맞물려 움직인다. 두 축이 평행하지 않고 교차되어 맞물리는 원추형 기어를 베벨기어라고 한다. 베벨기어는 회전축을 90도 바꾸는 역할을 한다. 그림 2-63은 이들 기어의 모양을 보여준다.

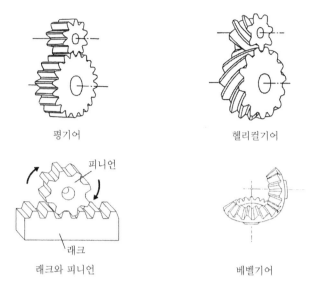

평기어   헬리컬기어

피니언

래크

래크와 피니언   베벨기어

그림 2-63 기어의 종류

③ 기어에 의한 변속

기어에는 회전을 전달하는 구동기어와 회전을 전달받는 피동기어가 있다. 구동기어와 피동기어의 지름 크기에 의해 기어의 회전속도를 변화시킬 수가 있다. 일반적으로 기어의 회전은 1분당 회전수인 rpm으로 나타낸다.

구동기어와 피동기어의 회전속도를 각각 n_1, n_2[rpm], 이의 수를 z_1, z_2, 피치원의 지름을 d_1, d_2[mm]라 하면 속도전달비 i는 다음 식으로 나타낼 수 있다. 여기서 $m = d/z$의 관계식을 이용한다.

$$i = \frac{n_1}{n_2} = \frac{d_2}{d_1} = \frac{mz_2}{mz_1} = \frac{z_2}{z_1} \tag{3}$$

또한 구동기어와 피동기어의 중심 간 거리 a[mm]는 다음 식으로 나타낼 수 있다.

$$a = \frac{d_1 + d_2}{2} = \frac{m(z_1 + z_2)}{2} \ [\text{mm}] \tag{4}$$

다시 회전속도가 n_3[rpm], 이의 수를 z_3, 피치원의 지름을 d_3[mm]인 피동기어를 추가하면 이들의 관계는 다음 식으로 나타낼 수 있다.

$$i - \frac{n_1}{n_3} = \frac{n_1}{n_2} \cdot \frac{n_2}{n_3} = \frac{z_2}{z_1} \cdot \frac{z_3}{z_2} = \frac{z_3}{z_1} \tag{5}$$

이와 같이 속도전달비는 가장 처음의 구동기어와 마지막 피동기어의 이 개수의 비로 정해진다. 여기서 사이에 있는 기어를 아이들기어(Idle Gear)라고 한다(그림 2-64).

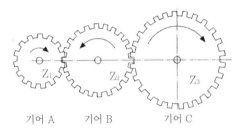

그림 2-64 기어의 속도 전달

④ 로봇의 기어

로봇 제작에 사용되는 기어의 대부분은 감속장치 용도로 사용되는데(그림 2-65, 2-66), 감속하면 그만큼 토크가 증가하게 된다.

그림 2-65 기어의 감속장치(1)

그림 2-66 기어의 감속장치(2)

실제로는 기어 하나하나를 선정해서 결합하는 것이 아니라 기어박스라는 형태로 쉽게 사용할 수 있도록 만들어 놓고 있다. 여기에는 여러 종류의 기어비(감속비)가 있는데, 그 중에서 선택하는 방식이다. 또한 전기모터 부분에서도 설명한 것처럼 감속장치로서의 기어헤드와 모터가 결합된 세트(Set)로 선정하는 경우도 많다.

전기모터와 감속장치를 합하면 그만큼 공간을 많이 차지하기 때문에 로봇 내부에 배치하는 경우에는 유의해서 설계해야 한다. 기어헤드를 장착한 모터의 경우는 대부분 소형 유성기어를 사용한다. 또한 아시모나 휴보 같은 휴머노이드(Humanoid)의 팔이나 다리에 사용된 하모닉 드라이브(Harmonic Drive)는 금속의 탄성 변형을 이용한 감속장치인데, 큰 감속비를 얻을 수 있다는 점에서 주목을 받고 있다. 보통의 기어에는 반드시 존재하는 백래시(Backlash)가 하모닉 드라이브에는 거의 없기 때문에 정밀한 운동 전달이 가능해 고가임에도 불구하고 많이 사용되고 있다.

(3) 벨트(Belt)와 체인(Chain)

벨트와 체인은 기어보다 더 먼 거리로 회전 또는 동력을 전달하기도 하며 물체를 운송하는 데에도 사용할 수 있는 전동(傳動)장치로서의 기계요소이다(그림 2-67). 벨트를 감아 거는 홈이 있는 부품을 톱니 풀리(Pulley), 체인을 감아 거는 부품을 스프로켓(Sprocket)이라고 한다. 톱니 벨트는 흔히 타이밍 벨트와 같은 의미로 사용된다.

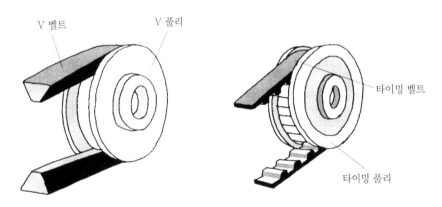

그림 2-67 벨트와 풀리

① 벨트와 풀리

벨트의 형상과 재질에는 다양한 종류가 있다. 동력 전달용으로 가장 많이 보급된 것은 사다리꼴 단면의 V 벨트인데 사다리꼴 단면의 홈이 있는 V 풀리와 함께 사용된다. 큰 동력을 전동하는 경우 벨트가 미끄러질 때는 V 벨트를 2개 또는 3개를 걸어 사용하기도 한다. 또한 직사각형 단면의 평벨트 안쪽에 톱니가 달린 톱니 벨트는 톱니 풀리와 톱니가 맞물리면서 전동하기 때문에 미끄러짐 없이 확실하게 동력을 전달할 수 있다.

벨트 전동에서는 벨트와 풀리 사이에 마찰력이 생기도록 적당한 장력이 주어진다. 벨트의 장력은 풀리 위를 느슨한 쪽으로, 풀리 아래를 팽팽한 쪽으로 해서 사용하는 것이 일반적이다. 벨트는 도중에 길이를 변경할 수가 없기 때문에 설계 시에는 신중하게 선정해야 한다.

② 체인과 스프로켓

체인 전동에서는 벨트 전동과 반대로 스프로켓 위를 팽팽한 쪽, 스프로켓 아래를 느슨한 쪽으로 해서 사용하는 것이 일반적이다(그림 2-68).

대표적인 체인은 외측 링크와 내측 링크를 교대로 조합한 롤러(Roller) 체인이다(그림 2-69). 고무재질의 벨트는 도중에 길이를 변경할 수 없지만 체인은 적당한 길이로 조절하여 이음 링크로 연결해서 사용할 수가 있다.

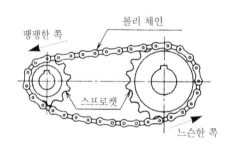

그림 2-68 체인과 스프로켓

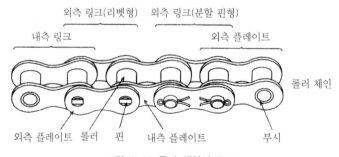

그림 2-69 롤러 체인의 구조

또한 몇 개의 링크를 교대로 결합한 리프 체인은 포크리프트(Forklift) 트럭에서처럼 저속도에서 매다는 용도로, 링크형을 개조해서 소음을 줄인 사일런트(Silent) 체인은 자동차의 크랭크축과 캠축 사이의 전동용 등으로 사용된다. 이송용으로 사용되는 컨베이어(Conveyor) 체인에는 다양한 형태의 부속품이 연결되어 있다.

(4) 축·베어링·커플링

① 축

기어나 풀리, 스프로켓 등의 중심에는 반드시 축이 있으며 회전운동은 축을 경유해서 동력을 전달한다. 축을 기능면에서 분류하면 동력을 전달하는 전동축뿐만 아니라 자동차 차체를 지지하는 차축, 회전운동과 왕복운동을 교환하는 크랭크축과 같이 운동의 종류를 변환하는 것도 있다 (그림 2-70).

그림 2-70 축의 기능

일반적으로 축은 동일한 재질로 되어 있는 막대 모양의 중실축이 사용되지만 경량화를 위해 파이프 모양의 중공축이 사용되는 경우도 있다.

축의 굵기를 선정할 때는 축에 작용하는 힘이 비틀림인지 굽힘인지에 따라 작용하는 힘에 대응한 강도계산식을 이용해서 굵기를 구한다. 실제로는 기어나 풀리의 지름이 정해지면 그것에 상응하는 축의 지름이 나오게 되므로 축의 굵기는 그다지 자유롭게 결정하기가 힘들다.

기어나 풀리 등의 중심에 있는 구멍에 축을 끼울 때의 관계를 끼워맞춤이라고 하며 구멍이 축보다 조금 커서 틈새가 생기는 헐거운 끼워맞춤, 구멍이 축보다 조금 작아서 죔새가 생기는 억지 끼워맞춤, 경우에 따라서는 틈새가 생기거나 죔새가 생기는 중간끼움 등이 있다.

실제 기계부품의 치수에는 반드시 오차가 포함되기 때문에 제작 시 지장이 없도록 미리 허용범위를 지정해두어야 한다. 이 대소의 치수를 각각 최대허용치수, 최소허용치수라고 하며 그 차를 치수공차라고 한다.

구멍과 축의 끼워맞춤방식에는 구멍을 기준으로 해서 축의 치수를 결정하는 구멍기준 끼워맞춤방식과 축을 기준으로 해서 구멍의 치수를 결정하는 축기준 끼워맞춤방식이 있다(그림 2-71). 일반적으로는 구멍보다 축이 정밀하게 가공하기 쉽기 때문에 구멍기준 끼워맞춤방식이 많이 이용된다.

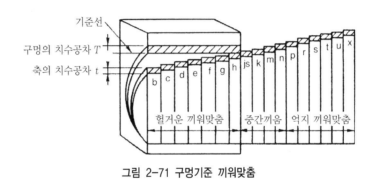

그림 2-71 구멍기준 끼워맞춤

여기서 영문자는 별표로 정해져 있는 공차역을 나타낸다. 또한 실제로 기어나 풀리와 축을 체결할 때는 끼워맞춤 외에도 작은 강제부품인 키(Key)나 핀(Pin)이 사용된다. 키에는 평행키, 구배키, 반달키 등이 있으며 축에 파여 있는 키의 홈에 끼워서 사용한다(그림 2-72).

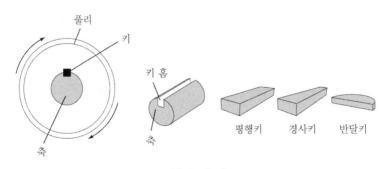

그림 2-72 키

핀에는 평행핀이나 테이퍼(Taper) 핀, 분할핀 등이 있으며 키에 비해 작은 힘이 가해지는 장소에 사용한다(그림 2-73).

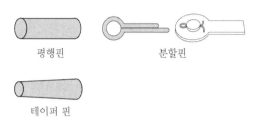

그림 2-73 핀

② 베어링 (Bearing)

고속으로 회전하고 있는 축을 지지하는 기능을 하는 기계요소가 베어링이다. 회전하는 것을 지지하는 것인 만큼 그 곳에는 반드시 마찰이 생기게 되는데, 그대로 두면 부품이 마찰로 마모되기 때문에 베어링에는 다양한 기술이 적용되어 있다.

구름베어링은 볼(Ball)이나 롤러(Roller) 등의 전동체, 이들이 구르는 궤도륜(내륜과 외륜), 그리고 전동체들이 서로 접촉하지 않도록 적당한 간격으로 배치하기 위한 리테이너(Retainer) 등으로 구성된다(그림 2-74). 볼이나 롤러의 회전으로 마찰계수를 적게 할 수 있기 때문에 회전축의 동력 손실을 줄일 수 있다는 점, 윤활이나 보수점검이 용이하다는 점, 규격품의 종류가 풍부하다는 점 등이 구름베어링의 특징이다.

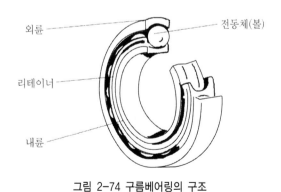

그림 2-74 구름베어링의 구조

일반적인 구름베어링은 깊은 홈 볼베어링으로, 원주방향으로 작용하는 레이디얼(Radial) 하중뿐만 아니라 축방향으로 작용하는 힘인 스러스트(Thrust) 하중도 견딜 수 있다. 스러스트 볼베어링은 고속회전보다도 큰 스러스트 하중을 지지하는 데 적합하다(그림 2-75).

깊은 홈 볼베어링　　　　　　　스러스트 볼베어링

그림 2-75 구름베어링의 종류

일반적인 구름베어링의 외관은 둥근 모양을 하고 있기 때문에 필요한 부품도 구멍을 내고 끼워 맞춰 설치해야 한다. 베어링을 쉽게 설치할 수 있도록 필로우(Pillow)형 유닛(Unit)이나 플랜지(Flange)형 유닛 등 유닛화되어 있는 것도 있다(그림 2-76).

필로우형 유닛　　　　　플랜지형 유닛

그림 2-76 구름베어링 유닛

미끄럼베어링은 회전축을 면으로 둘러싸서 적절한 윤활을 하면서 사용하는 베어링이다(그림 2-77). 축은 강철로 되어 있는 경우가 많은데 만약 베어링도 같은 재료를 사용하면 엉겨붙기 쉽기 때문에 베어링 금속으로는 황동, 청동 등의 동합금을 사용한다. 또한 플라스틱 등을 가공한 부시를 이용해 그리스를 봉입하여 윤활제로 사용하는 것도 있다. 종래의 미끄럼베어링은 발전용

터빈의 베어링 같은 대형인 것이 중심이었는데 최근은 규격화된 소형 제품도 늘어나고 있는 추세이다.

축의 회전에 의해
윤활유가 흐르게 된다.

그림 2-77 미끄럼베어링

③ 커플링 (Coupling)

커플링은 축과 축을 접합해서 동력을 전달하는 기능을 하는 기계요소이다. 축과 축이 어긋나면 진동이 발생하거나 이런 상태가 지속되면 축이나 베어링이 파손될 수도 있기 때문에 커플링을 중간에 설치하여 축과 축을 연결해야 한다.

고정커플링은 두 축이 거의 일치하는 경우에 사용하는데, 두 장의 원판을 여러 개의 볼트로 고정하는 플랜지형 고정커플링, 지름이 작은 축을 통으로 두른 통형 커플링 등이 있다. 플렉시블(Flexible) 커플링은 고무나 수지 등의 탄력성을 이용해서 두 축이 조금 어긋난 경우에도 사용할 수 있으며 플랜지형 플렉시블 커플링 또는 고무커플링, 수지커플링 등이 있다(그림 2-78).

유니버설 조인트(Universal Joint)는 두 축이 어떤 각도(일반적으로는 30° 이하)로 교차하는 경우에 사용하는데, 로봇 분야에 대한 응용도 가능할 것으로 전망된다(그림 2-79).

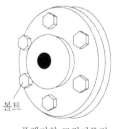

볼트

플랜지형 고정커플링

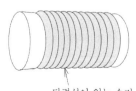

탄력성이 있는 수지

수지커플링

그림 2-78 여러 가지 커플링

그림 2-79 유니버설 조인트

(5) 나사

① 나사란

나사는 물체의 체결이나 운동의 전달에 이용되는 대표적인 기계요소이다. 나사에는 나사산이 원주의 바깥쪽에 있는 수나사와 원주의 안쪽에 있는 암나사가 있다. 서로 인접한 나사산의 거리를 피치(Pitch)라고 하며 나사를 1회전시켰을 때 나사가 축방향으로 움직이는 거리를 리드 (Lead)라고 한다(그림 2-80). 1줄 나사에서는 리드와 피치가 같지만 2줄 나사에서는 $L = 2P$, 3줄 나사에서는 $L = 3P$이며, n줄 나사에서는 $L = nP$가 된다.

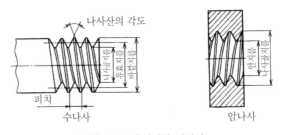

그림 2-80 수나사와 암나사

② 나사(Screw)의 종류

나사산에는 여러 가지 모양이 있으며 KS(한국공업규격)나 ISO(국제표준화기구) 등에서 규정하고 있다. 일반적으로 사용되는 미터보통나사는 나사산이 60°인 삼각형이고 기호는 M으로 표시한다. 예를 들어 M_3이라고 하면 수나사의 바깥지름이 3mm인 나사를 뜻한다(그림 2-81).

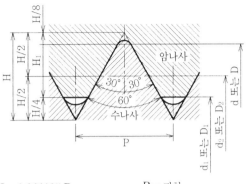

$H = 0.866025P$

$H_1 = 0.541266P$

$d_2 = d - 0.649519P$

$d_1 = d - 1.082532P$

$D = d$

$D_2 = d_2$

$D_1 = d_1$

$P =$ 피치

$D =$ 암나사의 나사골지름

$D_1 =$ 암나사의 안지름

$D_2 =$ 암나사의 유효지름

$d =$ 수나사의 바깥지름

$d_1 =$ 수나사의 나사골지름

$d_2 =$ 수나사의 유효지름

그림 2-81 미터보통나사의 기본 나사산형과 기본치수 (KS B 0201)

수나사의 바깥지름이 8mm 이하인 나사를 일반적으로 작은나사라고 하며 머리 모양에 따라 냄비홈붙이형 머리, 접시머리, 둥근접시머리, 둥근머리, 납작머리, 납작둥근머리 등으로 분류된다. 머리끝 모양에는 십자홈붙이형(플러스)과 일자홈붙이형(마이너스)이 있는데 현재는 체결이 확실한 십자 용도가 더 많이 사용된다(그림 2-82).

냄비머리　　접시머리　　둥근접시머리　　둥근머리　　납작머리　　납작둥근머리

그림 2-82 작은나사의 머리 모양

③ 볼트(Bolt)와 너트(Nut)

일반적으로 너트와 함께 사용하는 나사를 볼트라고 한다. 대표적인 볼트는 머리가 육각형인 육각볼트이며 축부 전체가 나사로 되어 있는 전산육각볼트 등이 있다. 또한 머리에 육각형 구멍

이 있어 육각렌치(Wrench)로 조이는 육각렌치볼트는 강하게 조일 수 있고 머리 부분을 감출 수 있다는 특징이 있다(그림 2-83).

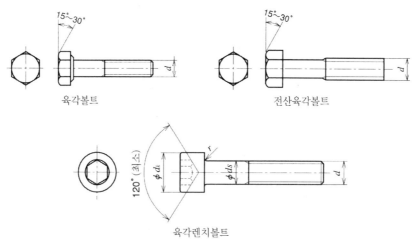

육각볼트

전산육각볼트

육각렌치볼트

그림 2-83 볼트와 너트

④ 와셔 (Washer)

볼트와 너트의 느슨함을 방지하고 부품 표면에 흠이 생기는 것을 막기 위해 체결부 사이에 끼워넣는 것을 와셔라고 하며, 종류에는 평와셔, 스프링와셔, 이붙이와셔 등이 있다(그림 2-84).

평와셔   스프링와셔   이붙이와셔

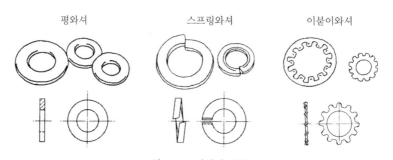

그림 2-84 와셔의 종류

⑤ 로봇의 나사

로봇을 보다 튼튼하면서도 가볍게 만들려면 반드시 나사 한 개까지도 신중히 선택해야만 한다.

보통은 나사 재료로 강재를 사용하는데, 이것을 티타늄이나 알루미늄으로 하면 경량화할 수 있다. 물론 경량화로 인해 강도가 저하된다면 곤란하므로 재료의 특성은 정확하게 파악해두어야 한다.

소형 휴머노이드 로봇에서는 나사의 재질을 티타늄이나 알루미늄으로 하는 것 외에도 나사머리의 높이로 인해 로봇의 움직임에 지장을 줄 수가 있기 때문에 종래의 나사머리 높이를 약 70% 줄인 낮은 머리나사도 등장하고 있다(그림 2-85).

M3와 M2의 낮은 머리나사   나사머리 모양 비교

그림 2-85 낮은 머리나사

(6) 스프링 (Spring)

① 스프링이란

스프링이란 복원력을 적극적으로 이용하는 기계요소이다. 스프링의 기능면에서 분류하면 탄성적인 성질인 복원력을 단순히 이용하는 것부터 탄성을 에너지로 저장해서 이용하는 것, 진동이나 충격을 완화하기 위해 이용하는 것에 이르기까지 다양하다. 스프링의 기능은 변형량이 작은 범위에서는 탄성체에 가하는 하중과 변형량 사이에 비례관계가 성립한다는 후크(Hooke)의 법칙을 기초로 한다(그림 2-86).

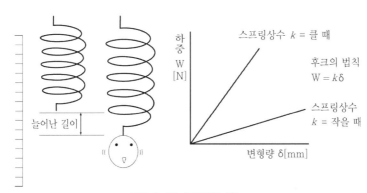

그림 2-86 스프링의 기능

스프링이 W[N]의 하중을 받아 δ[mm]만큼 변형되었을 때 스프링상수를 k[N/mm]라 하면 이 관계는 다음의 식으로 나타낸다.

$$W = k\delta \ [\text{J}]$$

스프링이 부드러운지 단단한지는 비례상수에 의해 결정되는데, 이것을 스프링상수 또는 탄성계수라고 한다. 스프링의 선정에서는 이 상수가 중요한 지표가 된다.

또한 이때 스프링에 저장되는 스프링의 탄성에너지 U[J]는 다음의 식으로 나타낸다.

$$U = \frac{1}{2} W\delta = \frac{1}{2} k\delta^2 \ [\text{J}]$$

② 스프링의 종류

스프링의 경우 선재를 코일 모양으로 감은 코일스프링이 일반적인데, 이를 다시 압축 코일스프링, 인장 코일스프링, 비틀림 코일스프링 등과 같이 나눌 수 있다(그림 2-87).

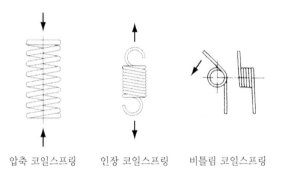

압축 코일스프링   인장 코일스프링   비틀림 코일스프링

그림 2-87 코일스프링

나사선형 스프링은 단면이 일정한 띠 형태의 재료를 감아서 사용하는 스프링으로, 태엽이라고도 하며 간단한 장난감의 동력원으로 사용한다(그림 2-88).

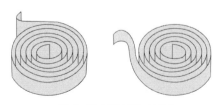

그림 2-88 나사선형 스프링

정하중 스프링은 띠를 밀착해서 감겨 있는 모양으로 직선적으로 당겨서 사용하는 스프링이다 (그림 2-89). 하중이 스트로크에 상관없이 거의 일정하다는 특징 때문에 긴 스트로크에 대응할 수 있는 스프링을 작은 공간에 설치하는 것이 가능하다.

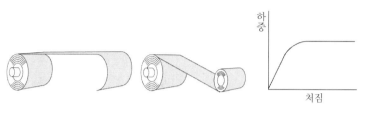

그림 2-89 정하중 스프링

접시형 스프링은 원판 중심에 구멍을 낸 링을 원추형으로 성형한 스프링으로, 비교적 자리를 작게 차지하면서도 큰 하중을 지지할 수가 있다(그림 2-90).

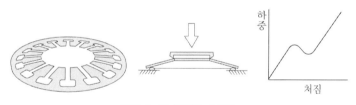

그림 2-90 접시형 스프링

지금까지 로봇의 요소학에서 대표적인 전기부품과 기계요소에 대해 살펴보았다. 보다 상세한 내용은 각 제조회사의 카탈로그나 인터넷 사이트 등을 통해 참고하기 바란다. 실제로 기계요소를 조합해서 로봇을 설계·가공하기에 앞서 그 부품들을 하나씩 움직여보고 각각의 동작을 확인해두기 바란다. 아무리 복잡한 동작을 하는 로봇이라도 그 동작을 작게 나누어보면 결국은 이러한 전기부품이나 기계요소 하나하나로 구성되어 있다는 사실을 알게 되는데, 이렇게 되면 로봇 제작이 보다 친숙하게 느껴질 것이다.

● 메커니즘의 설계

여기서 한 가지 질문을 하겠다. 그림 2-91을 보면 캔 속에 인형이 들어 있는 것을 볼 수 있다. 캔 밖으로 나와 있는 축을 돌려서 인형을 아래위로 움직이게 하려면 캔 내부에 어떠한 메커니즘을 적용해야 할까?

캠이나 링크는 규격화된 기계요소는 아니지만 로봇의 메커니즘을 설계할 때 중요하기 때문에 여기서 잠시 언급하려 한다.

① 캠(Cam)을 이용하는 방법

캠 구조는 다양한 윤곽형상을 가진 캠을 원동절(原動節)로 하여 이것에 접하는 종동절(從動節)로부터 직선운동이나 요동운동, 간헐운동 등의 메커니즘을 도출하는 방법이다. 캠에는 평면적인 동작을 하는 평면캠과 입체적인 동작을 하는 입체캠이 있다(그림 2-92).

그림 2-91 인형의 상하운동을 만들려면

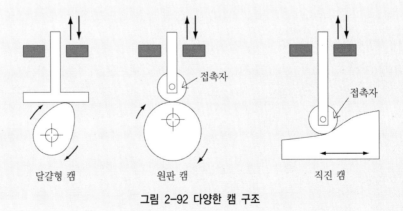

달걀형 캠   원판 캠   직진 캠

그림 2-92 다양한 캠 구조

② 링크(Link)를 이용하는 방법

링크 구조는 링크라고 부르는 가는 막대를 결합해서 상호간에 회전이나 미끄럼운동을 가함으로써 필요한 메커니즘을 도출하는 방법이다. 일반적으로는 4개의 링크를 결합해서 하나의 운동을 만들어낸다.

지레 크랭크 구조는 최단 링크와 인접하는 링크를 고정시킨 메커니즘이며 최단 링크를 회전시키면 마주보는 링크가 일정 범위를 요동시킬 수가 있다(그림 2-93). 왕복 슬라이더 크랭크 구조는 지레 크랭크 구조에서 요동하는 링크의 길이를 극히 짧게 해서 고정된 토대의 링크 위를 미끄러지게 만든 메커니즘이다.

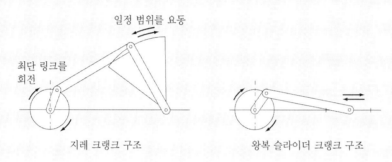

그림 2-93 다양한 링크 구조

해답 : 위의 설명을 참고로 하면 앞의 질문에 대한 해답은 다음의 2가지로 나타낼 수 있다 (그림 2-94).

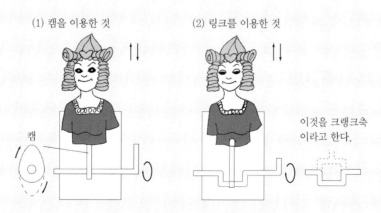

그림 2-94 인형의 상하운동에 대한 해답

Chapter 3

로봇 운동학

일반적으로 로봇의 동작은 몇 개의 관절(또는 축)이 조합되어 그 조합의 움직임에 의해 이루어진다. 그리고 이러한 움직임을 이해하기 위해서는 각 관절(축)의 관절각이 주어졌을 때의 손끝(또는 End-Effector)의 위치나 자세를 구하는 순운동학, 손끝의 위치나 자세가 주어졌을 때 이에 대응하는 관절(축)의 관절각을 구하는 역운동학에 대한 지식이 필요하다. 이번 장에서는 이러한 로봇 운동학에 관한 내용을 살펴보기로 한다.

3-1 운동학의 기초

(1) 위치(Position)와 좌표계(Coordinate System)

로봇의 운동에 대한 이해의 출발점은 로봇을 구성하는 각 부분의 위치를 파악하는 것에서부터 비롯된다. 이를 위해서는 먼저 운동의 원점(Origin)이 되는 좌표를 결정하고 거기에서부터 어느 정도의 위치에 있는지를 변위로 표시해야 한다(그림 3-1).

진행방향

그림 3-1 운동의 원점

여기서 기억해야 할 것은 운동학에서 제일 먼저 하는 일이 바로 좌표 설정이라는 것이다. 움직이지 않는 고정된 좌표계(Reference Coordinate(기준좌표계) 또는 World Coordinate(전역좌표계) 또는 Absolute Coordinate(절대좌표계))를 먼저 설정한 다음 각 관절과 손끝에 좌표계(Local Coordinate; 국부좌표계)를 설정해야 한다. 따라서 기준좌표계와 관절과 손끝의 국부좌표계 사이의 관계를 찾는 것이 운동학에서 핵심 내용이라 할 수 있다. 위 그림에서는 인간형 로봇의 출발점만을 원점으로 잡은 것을 볼 수 있는데, 좀더 정확하게 말하면 원점에 기준좌표계를 설정해야 한다는 것이다. 그리고 로봇의 몸통 가운데에 중심이 되는 하나의 국부좌표계가 있게 되고 각 관절과 손끝, 발끝, 머리에도 국부좌표계가 다수 포함된다.

(2) 속도(Velocity)

어떤 물체가 Δt[s] 동안 Δx[m]만큼 움직였을 때, 이 물체의 평균속도 v[m/s]는 $v = \Delta x / \Delta t$[m/s]로 표시된다. 그리고 이 시간을 한없이 짧게 해 가면 순간속도에 가까워지는데, 이를 식으로 나타내면 다음과 같다. 여기서 lim은 극한(Limit)을 나타내는 기호이며, 여기서는 Δt를 한없이 0에 가깝게 한다는 의미이다.

$$v = \lim_{\Delta t \to 0} \frac{\Delta x}{\Delta t} = \frac{dx}{dt}$$

즉, 어떤 물체가 이동할 때의 단위시간당의 변위를 속도라고 한다. 물리학에서 말하는 속도란 그 크기뿐만 아니라 방향을 갖는 벡터(Vector)이며, 크기만을 갖는 스칼라(Scalar)인 속력과 구별된다. 또한 뒷부분에서 설명할 힘 역시 크기와 방향을 의미하는 벡터이다.

(3) 가속도(Acceleration)

어떤 물체가 Δt[s] 동안 Δv[m/s]만큼 변화했을 때 이것을 평균가속도라고 하는데, 이 시간을 한없이 짧게 하면 순간의 가속도에 가까워진다. 이때의 가속도 a[m/s^2]를 식으로 나타내면 다음과 같다.

$$a = \lim_{\Delta t \to 0} \frac{\Delta v}{\Delta t} = \frac{dv}{dt} = \frac{d^2 x}{dt^2}$$

즉, 어떤 물체가 이동할 때의 단위시간당 속도의 변화를 가속도라고 한다. 속도가 벡터이므로 가속도 역시 벡터이다.

(4) 위치, 속도, 가속도 및 미분(Differentiation)

지금까지 설명한 바와 같이 시간의 경과에 따라 변화하는 위치나 속도를 극한의 형태로 표시한 것을 미분이라고 한다. 즉, 위치를 미분하면 속도, 속도를 미분하면 가속도가 된다. 이 관계는 로봇의 운동을 해석하는 데 있어 기본이 되는 내용이다. 또한 미분된 함수로부터 미분 전의 함수를 산출하는 것을 적분(Integration)이라고 한다(그림 3-2). 그리고 위 (3)의 $d^2 x/dt^2$라는 표기는 위치를 시간으로 두 번 미분한 것이라는 의미이다.

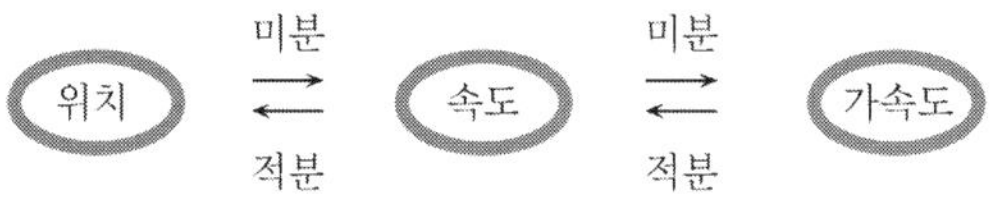

그림 3-2 운동에서의 미분·적분의 관계

(5) 회전운동의 속도와 가속도

로봇의 운동에서는 그 움직임의 근원이 모터의 회전인 경우가 많으며 바퀴가 움직이는 경우 등에서도 회전운동의 속도나 가속도를 표시할 필요가 있다(그림 3-3).

반지름 r[m]인 원주 위를 운동하고 있는 물체가 Δt[s] 동안 $\Delta\theta$[rad]만큼 이동했을 때, 이것을 각속도(Angular Velocity) w[rad/s]라고 하며 다음의 식으로 나타낸다.

$$w = \lim_{\Delta t \to 0} \frac{\Delta\theta}{\Delta t} = \frac{d\theta}{dt}$$

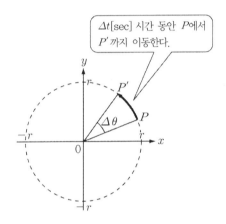

그림 3-3 원주 위의 물체 운동

물체가 Δt[s] 동안 원주 위를 $\Delta\theta$[rad]만큼 이동했을 때의 물체의 속도는 다음의 식으로 나타내며, 이 시간을 한없이 짧게 해 가면 속도는 원의 접선방향을 향하게 된다. 이 속도를 특히 접선속도(Tangential Velocity) v_t[m/s]라고 한다. 이 관계에 따르면 접선속도는 반지름에 비례하기 때문에, 한 예로 차축이 같은 속도로 회전하고 있어도 타이어의 반지름이 클수록 접선속도는 커진다는 것을 알 수 있다.

$$v_t = \lim_{\Delta t \to 0} \frac{r\Delta\theta}{\Delta t} = r\lim_{\Delta t \to 0} \frac{\Delta\theta}{\Delta t} = r\frac{d\theta}{dt} = r\omega$$

또한 차축 등의 회전운동의 속도를 표시하는 방법으로는 단위시간당의 회전수인 회전속도(또는 회전수)가 있으며, 그 단위로는 분당 회전수[min^{-1}]를 주로 사용하고 [rpm]이나 [r/min]도 사용한다.

　각속도의 시간변화율은 각가속도(Angular Acceleration) $\alpha\,[\text{rad/s}^2]$이라고 하며, 다음 식과 같이 나타낸다.

$$\alpha = \lim_{\Delta t \to 0} \frac{\Delta \omega}{\Delta t} = \frac{d\omega}{dt}$$

　그리고 접선속도의 시간변화율을 접선가속도(Tangential Acceleration) $a_t\,[\text{m/s}^2]$이라고 하며, 다음 식과 같이 나타낸다.

$$a_t = \lim_{\Delta t \to 0} \frac{\Delta v_t}{\Delta t} = \frac{d(r\omega)}{dt} = r\frac{d\omega}{dt} = r\alpha$$

(6) 힘(Force)과 토크(Torque)

　물체를 운동시키려면 외부로부터 어떤 힘을 가해야 한다. 힘에는 크기, 방향, 그리고 작용점이라는 3요소가 있는데, 크기와 방향이 있으므로 힘도 벡터이다. 힘을 그림으로 표시할 때는 화살표의 길이와 방향이 의미를 가진다(그림 3-4). 즉, 힘은 벡터이므로 동일선상에서 움직이고 있지 않는 한 단순히 더하거나 빼거나 할 수 없다. 2개의 힘을 더하기 위해서는 벡터의 합에 대한 이론을 다음 절에서 배워야 한다.

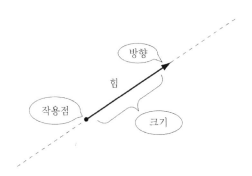

그림 3-4 힘의 3요소

물체를 회전시키려는 힘이 작용할 때 이것을 힘의 모멘트(Moment) 또는 토크라고 한다(그림 3-5). 모멘트의 방향은 회전축에 대해 시계반대방향이 정(正 : Plus Direction), 시계방향이 부 (負 : Minus Direction)가 된다.

시계반대방향　　　　　　　　　　　시계방향

정　　　　　　　　　　부

그림 3-5 힘의 모멘트

힘의 단위는 뉴턴[N]이며 1N은 질량 1kg의 물체에 $1m/s^2$의 가속도가 생기게 하는 힘에 해당한다. 토크의 단위는 N·m이며 1N·m는 1m 길이의 막대기 한쪽 끝에서 1N의 힘이 막대기에 직각으로 작용할 때에 다른 한쪽 끝에서 생기는 토크의 크기에 해당한다.

(7) 뉴턴(Newton)의 운동의 법칙

① 운동의 제 1법칙 (관성의 법칙)

물체에 힘이 작용하지 않을 때나 힘이 평형을 이루고 있을 때, 정지되어 있는 물체는 언제까지나 계속 정지하고 있으며 운동하고 있는 물체는 그 속도로 등속직선운동을 계속한다. 이와 같이 물체가 그 운동의 상태를 유지하려는 성질을 관성이라고 하며 이 관계를 운동의 제 1법칙(또는 관성의 법칙)이라고 한다. 구체적으로는 차 안에서 브레이크를 밟았을 때 신체가 앞으로 기울어지는 것이나 재빨리 힘을 가하면 두드린 부분만 날아가는 놀이(그림 3-6) 등을 예로 들 수 있다.

그림 3-6 운동의 제 1법칙

② 운동의 제 2법칙 (운동의 법칙)

힘을 받고 있는 물체는 그 힘의 방향으로 가속도가 생기게 하는데 그 크기는 힘에 비례하고 질량에 반비례한다. 이것을 운동의 제 2법칙(또는 운동의 법칙)이라고 한다(그림 3-7).

그 관계는 가속도를 a, 힘을 F, 질량을 m이라 하면 다음의 식으로 나타낼 수 있다. 여기서 k는 비례상수이다. 여기서부터 벡터량은 굵은체(Bold체)로 표시한다.

$$a = k\frac{F}{m}$$

한편 비례상수 k가 1이 되도록 힘의 단위를 정한 식을 운동방정식이라고 하며 다음의 식으로 나타낸다.

$$F = ma$$

한편 힘은 벡터이므로 평면운동의 경우에는 물체에 작용하는 힘을 x 방향과 y 방향으로 분해해서 각각의 성분에 대해 운동방정식을 세운다.

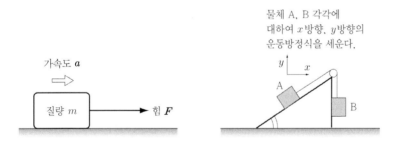

그림 3-7 운동의 제 2법칙

③ 운동의 제 3법칙 (작용반작용의 법칙)

어떤 물체에 힘을 가하면 힘을 받은 물체로부터도 동일한 작용선 위에서 크기가 같고 방향이 반대인 힘이 작용한다. 이것을 운동의 제 3법칙의 법칙(또는 작용반작용의 법칙)이라고 한다.

작용반작용의 법칙은 당연한 것처럼 생각될 수 있다. 그러나 곰곰이 생각해 볼 때 항상 이 관계가 성립하고 있다고 한다면 물체의 운동을 설명할 수 없게 된다. 여기서 주의할 것은 작용반작용은 각기 다른 물체에 작용하는 한 쌍의 힘이고 동일한 물체에 작용하는 힘의 평형이 아니라는 점이다.

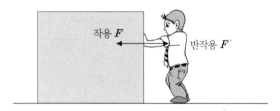

힘 F는 벽, 힘 F'는 사람에게 작용하고 있다.

작용 F

반작용 F'

그림 3-8 운동의 제 3법칙

(8) 운동량(Momentum)과 충격량(Impulse)

운동하고 있는 물체가 가지고 있는 운동의 크기는 물체의 질량이 같다면 속도가 큰 쪽이 더 크고, 속도가 같다면 질량이 큰 쪽이 더 크다. 이를 운동량 p라고 하며 다음과 같이 질량 m [kg], 속도 v[m/s]의 곱으로 나타낸다. 한편 운동량도 힘과 마찬가지로 벡터이다.

$$p = mv$$

물체에 힘을 작용하여 운동상태를 바꿀 때 가한 충격의 정도를 충격량 q라고 한다. 충격량은 가한 힘의 크기 F와 작용시간 t에 비례하기 때문에 다음과 같이 벡터로 나타낸다.

$$q = Ft$$

운동방정식을 이용해 운동량과 충격량의 관계를 알아보자. 운동방정식 $F = ma$의 가속도 a 를 $a = \dfrac{v' - v}{\Delta t}$로 나타내면 다음 식을 도출할 수가 있다.

$$F = ma$$
$$F = m\left(\frac{v' - v}{\Delta t}\right)$$

위 식을 변형하면 다음 식을 도출할 수 있다.

$$F\Delta t = mv' - mv$$

이는 운동량의 변화가 충격량과 같다는 것을 의미한다. 날아오는 야구공을 방망이로 치면 야구공의 속도가 변한다. 이것은 방망이가 짧은 시간 동안 야구공에 힘을 가해 운동 상태를 바꾸기 때문이다. 이런 변화를 앞의 식으로 나타낼 수 있다.

(9) 일(Work)과 일률(Power)

물체에 힘을 가해 힘의 방향으로 움직였을 때 힘이 물체에 일을 했다고 하며, 일 $W[J]$는 힘 $F[N]$의 크기와 이동거리 $s[m]$의 곱으로 나타낸다(그림 3-9). 즉, 이동거리방향의 힘의 성분이 F라면 $W = Fs$로 나타낸다. 만일 아래 오른쪽 그림에서와 같이 가한 힘의 방향과 물체가 이동한 방향이 일치하지 않을 때는 힘의 변위방향의 분력으로서 $|F|\cos\theta$를 생각할 수 있다. 일의 단위는 [N·m]이며 이를 주울(Joule)[J]이라고 한다. 일은 벡터가 아니고 스칼라이다.

$$W = |F|s\cos\theta$$

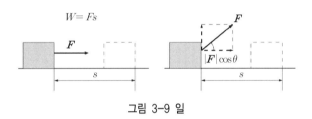

그림 3-9 일

실제 기계나 로봇에게 일을 시킬 때는 어느 정도의 시간에 그 일을 할 수 있는지 알아야 하는 경우가 많기 때문에 단위시간에 수행할 수 있는 일의 양을 일률(또는 동력)이라 정의한다. 일률 $P[W]$는 일[J]/시간[s]으로 나타낸다. 일률의 단위는 [J/s]이며 이를 와트(Watt)[W]라고 한다.

$$P = \frac{W}{t}$$

이동방향의 힘이 F, 속력이 v이라면 일률은 다음과 같이 된다.

$$P = \frac{Fs}{t} = F\frac{s}{t} = Fv$$

즉, 일률은 힘과 속도의 곱으로 나타낼 수도 있는 스칼라이다.

다음 절에서 벡터와 스칼라에 대해 자세히 배우겠지만 그 전에 자주 등장하는 힘과 일에 대한 단위를 간단히 정리한다. 힘의 단위는 뉴턴 [N]이지만 흔히 kgf를 사용한다. 1kgf는 1kg의 질량이 중력가속도(9.8m/s^2)를 받는 지구표면에서의 중력에 의해 발생하는 힘의 크기에 해당한다. 따라서 다음과 같은 관계가 성립된다.

$$1\text{kgf} = 9.8\text{N} = 9.8\text{kg}\cdot\text{m/s}^2$$

그렇다고 kgf라는 단위를 반드시 중력과 연관지어 생각할 필요는 없다. 만일 수평방향으로 1kgf의 힘을 가했다는 의미는 1kg의 물체를 9.8m/s^{2}으로 가속시켰다는 의미가 된다. 그리고 1kgf의 힘으로 1m를 이동한 경우에 한 일 W의 크기는 다음과 같이 나타낸다.

$$1\text{kgf}\cdot\text{m} = 9.8\text{N}\cdot\text{m} = 9.8\text{J}$$

3-2 운동학을 위한 벡터

(1) 스칼라(Scalar)와 벡터(Vector)

스칼라란 길이나 질량, 시간, 에너지, 온도 등과 같이 크기만을 나타내는 양을 말한다. 예를 들어, 20g과 30g을 더하면 항상 50g이 된다.

이와 달리 속도, 가속도, 힘 등은 크기와 방향을 나타내는 양이며, 이것을 벡터라고 한다. 이 예로는 속도 10m/s와 20m/s를 더할 때 양자가 동일선상에서 동일방향으로 작용하는 경우에만 30m/s가 되고 그렇지 않은 경우는 30m/s가 되지 않는다. 즉, 벡터에서는 항상 크기와 방향을 고려해야 한다.

2개의 벡터 A와 B의 합(合)은 평행사변형의 법칙에 의해 구할 수 있다(그림 3-10).

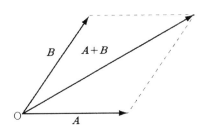

그림 3-10 벡터의 합

또한 2개의 벡터 A와 B의 차(差)는 벡터 A에 벡터 $-B$를 더하는 것으로 해석하면 된다. 그 결과는 다음 그림과 같다(그림 3-11).

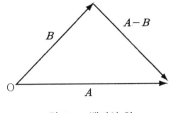

그림 3-11 벡터의 차

(2) 벡터의 해석적 표시

로봇의 운동은 동일선상 외에도 2차원적인 평면운동과 3차원적인 공간운동으로 생각하는 경우가 많다(그림 3-12). 그런 이유로 벡터를 이용해 기하학적으로 생각하는 것이 아니라 해석적으로 취급할 수 있도록 이해해 두면 도움이 될 것이다(참고로 벡터의 표기에는 →를 사용하는 등 몇 가지 표기법이 있지만 이 책에서는 원칙적으로 A와 같이 굵은 글씨로 표기하기로 한다).

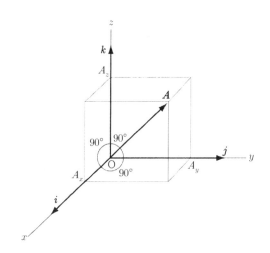

그림 3-12 직교하는 기준 벡터 i, j, k

그림 3-12와 같이 각 좌표축(x, y, z)의 정(正)방향(plus 방향)을 향하는 단위 벡터(크기가 1인 벡터)를 i, j, k라고 나타내며, 이를 기준 벡터라고 한다. 또한 3차원 공간에 있는 임의의 벡터 A는 원점을 시점(출발점)으로 하는 직교좌표계에서 다음과 같이 나타낼 수 있다.

$$A = A_x i + A_y j + A_z k$$

또한 벡터 A의 크기는 피타고라스의 정리에 의해 다음과 같이 도출할 수 있다.

$$A = |A| = \sqrt{A_x^2 + A_y^2 + A_z^2}$$

이 표기법에 의한 벡터의 합, 차, 곱은 다음과 같이 나타낸다.

$$A + B = (A_x i + A_y j + A_z k) + (B_x i + B_y j + B_z k)$$
$$= (A_x + B_x)i + (A_y + B_y)j + (A_z + B_z)k$$
$$A - B = (A_x i + A_y j + A_z k) - (B_x i + B_y j + B_z k)$$
$$= (A_x - B_x)i + (A_y - B_y)j + (A_z - B_z)k$$
$$mA = m(A_x i + A_y j + A_z k) = mA_x i + mA_y j + mA_z k$$

(여기서 m은 임의의 스칼라이다.)

벡터의 또 다른 표현방법은 행렬식 표현이며 다음과 같이 나타낸다.

$$A = \begin{bmatrix} A_x \\ A_y \\ A_z \end{bmatrix}$$

이 책에서는 해석적 표현과 행렬식 표현을 같이 사용할 것이다.

(3) 벡터의 내적 (Inner Product)

2개의 벡터 A와 B의 내적 $A \cdot B$는 다음과 같이 정의된다. 여기서 벡터끼리의 내적은 스칼라가 되므로 이를 스칼라적이라고도 한다(그림 3–13). 그림에서 알 수 있듯이 $A \cdot B$의 값은 B의 A 방향으로의 크기 ($|B|\cos\theta$)와 A의 크기 ($|A|$)를 곱한 것과 같다.

$$A \cdot B = |A||B|\cos\theta$$

$$또는 \cos\theta = \frac{A \cdot B}{|A||B|}$$

로 변형할 수 있다.

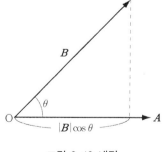

그림 3–13 내적

여기서 $\cos\theta$는 2개의 벡터가 어느 정도 같은 방향을 향하고 있는지를 나타내며 2개의 벡터가 직교하는 경우에는 $\cos(\pi/2) = 0$이 되므로 $\boldsymbol{A} \cdot \boldsymbol{B} = 0$이 된다.

물리학에서의 힘을 어떤 방향으로 주고 실제 움직임은 다른 방향으로 나오는 경우 바로 이 내적을 이용하여 한 일의 양을 구할 수 있다. 그림 3-14에서와 같이 힘 $\boldsymbol{F}$와 움직인 거리 벡터 $\boldsymbol{s}$가 존재할 때 일의 양 W는 두 벡터의 내적 $W = \boldsymbol{F} \cdot \boldsymbol{s} = \boldsymbol{s} \cdot \boldsymbol{F}$가 된다.

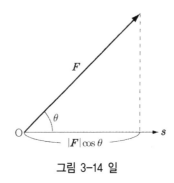

그림 3-14 일

위 식에서 외력이 x축과 각도 θ를 향하고 있는 경우 외력의 x축 성분은 x 방향의 단위벡터 $\boldsymbol{i}$를 이용하여 다음의 식으로 나타낼 수 있다.

$$F_x = |\boldsymbol{F}|\cos\theta = \boldsymbol{F} \cdot \boldsymbol{i}$$

마찬가지로 y축 성분이나 z축 성분이 있는 경우에는 $F_y = \boldsymbol{F} \cdot \boldsymbol{j}$, $F_z = \boldsymbol{F} \cdot \boldsymbol{k}$와 같이 나타낼 수 있다.

또한 단위벡터끼리의 내적은 같은 것끼리라면 이루는 각이 0이므로 $\cos 0° = 1$, 다른 것끼리라면 이루는 각이 90°가 되므로 $\cos 90° = 0$이 된다. 이를 정리하면 다음과 같이 나타낼 수 있다.

$$\boldsymbol{i} \cdot \boldsymbol{i} = 1 \qquad \boldsymbol{j} \cdot \boldsymbol{j} = 1 \qquad \boldsymbol{k} \cdot \boldsymbol{k} = 1$$
$$\boldsymbol{i} \cdot \boldsymbol{j} = 0 \qquad \boldsymbol{j} \cdot \boldsymbol{k} = 0 \qquad \boldsymbol{k} \cdot \boldsymbol{i} = 0$$

이 관계를 이용하면 2개의 벡터 $\boldsymbol{A}$와 $\boldsymbol{B}$의 내적 $\boldsymbol{A} \cdot \boldsymbol{B}$는 단위벡터 방향의 성분들을 이용해 다음과 같이 나타낼 수 있다.

$$\boldsymbol{A} \cdot \boldsymbol{B} = (A_x \boldsymbol{i} + A_y \boldsymbol{j} + A_z \boldsymbol{k}) \cdot (B_x \boldsymbol{i} + B_y \boldsymbol{j} + B_z \boldsymbol{k})$$

$$= A_x B_x \boldsymbol{i} \cdot \boldsymbol{i} + A_x B_y \boldsymbol{i} \cdot \boldsymbol{j} + A_x B_z \boldsymbol{i} \cdot \boldsymbol{k}$$

$$+ A_y B_x \boldsymbol{j} \cdot \boldsymbol{i} + A_y B_y \boldsymbol{j} \cdot \boldsymbol{j} + A_y B_z \boldsymbol{j} \cdot \boldsymbol{k}$$

$$+ A_z B_x \boldsymbol{k} \cdot \boldsymbol{i} + A_z B_y \boldsymbol{k} \cdot \boldsymbol{j} + A_z B_z \boldsymbol{k} \cdot \boldsymbol{k}$$

$$= A_x B_x + A_y B_y + A_z B_z$$

(4) 벡터의 외적(Cross Product)

2개의 벡터 $\boldsymbol{A}$와 $\boldsymbol{B}$의 외적 $\boldsymbol{A} \times \boldsymbol{B}$는 다음과 같이 정의된다. 한편 벡터끼리의 외적은 벡터가 되므로 이를 벡터적이라고도 한다.

$$\boldsymbol{A} \times \boldsymbol{B} = (|\boldsymbol{A}||\boldsymbol{B}|\sin\theta)\boldsymbol{n}$$

여기서 $\boldsymbol{n}$은 벡터 $\boldsymbol{A}$와 벡터 $\boldsymbol{B}$의 각각에 대하여 수직인 단위벡터이며 오른나사를 돌렸을 때 진행하는 방향에 해당한다. 또한 $|\boldsymbol{A}||\boldsymbol{B}|\sin\theta$은 벡터 $\boldsymbol{A}$와 벡터 $\boldsymbol{B}$가 만드는 평행사변형의 면적을 의미한다(그림 3-15).

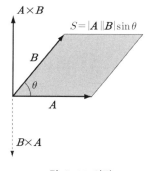

그림 3-15 외적

또한, $\boldsymbol{A} \times \boldsymbol{B}$와 $\boldsymbol{B} \times \boldsymbol{A}$는 크기가 같고 방향이 반대이므로 다음의 관계가 성립한다. 즉, 외적에는 교환법칙이 성립하지 않는다.

$$\boldsymbol{A} \times \boldsymbol{B} = -\boldsymbol{B} \times \boldsymbol{A}$$

물리학에서 힘 F가 원점에서 거리 r만큼 떨어진 곳에서 작용하고 있을 경우 원점에서 발생하는 회전 모멘트 M을 구할 때, 운동량 p가 원점에서 r만큼 떨어진 곳에 있을 경우 원점에서 느끼는 각운동량 L을 구할 때 벡터의 외적을 이용해서 구한다(그림 3-16).

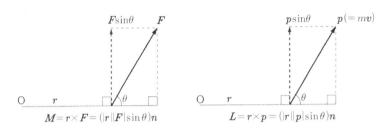

그림 3-16 힘의 모멘트와 각운동량

단위벡터끼리의 외적은 같은 것끼리라면 이루는 각이 0이 되고 $\sin 0° = 0$이 되므로 다음과 같이 나타낼 수 있다.

$$i \times i = 0 \qquad j \times j = 0 \qquad k \times k = 0$$

또한 다른 단위벡터끼리의 외적은 이루는 각이 90°가 되며 $i \times j = (1 \times 1 \times \sin 90°)n$이고, $\sin 90° = 1$이므로 다음과 같이 나타낼 수 있다. 이때의 n은 i와 j에 수직인 단위벡터이므로 k로 바꾸어 쓸 수 있다. 이를 정리하면 다음과 같다.

$$i \times j = -j \times i = k \qquad j \times k = -k \times j = i \qquad k \times i = -i \times k = j$$

이 관계를 이용하면 2개의 벡터 A와 B의 외적 $A \times B$는 각 성분을 이용하여 다음과 같이 나타낼 수 있다.

$$
\begin{aligned}
A \times B &= (A_x i + A_y j + A_z k) \times (B_x i + B_y j + B_z k) \\
&= A_x B_x i \times i + A_x B_y i \times j + A_x B_z i \times k \\
&\quad + A_y B_x j \times i + A_y B_y j \times j + A_y B_z j \times k \\
&\quad + A_z B_x k \times i + A_z B_y k \times j + A_z B_z k \times k \\
&= (A_y B_z - A_x B_y)i + (A_z B_x - A_x B_z)j + (A_x B_y - A_y B_x)k
\end{aligned}
$$

또한 이 관계식은 다음과 같은 행렬식의 determinant로도 나타낼 수 있다.

$$\boldsymbol{A} \times \boldsymbol{B} = \begin{vmatrix} \boldsymbol{i} & \boldsymbol{j} & \boldsymbol{k} \\ A_x & A_y & A_z \\ B_x & B_y & B_z \end{vmatrix}$$

(5) 벡터의 삼중적(三重積; Triple Product)

여기서는 3개의 벡터 곱인 벡터의 삼중적에 관하여 스칼라 삼중적과 벡터 삼중적을 들어 설명한다.

① 스칼라 삼중적(Scalar Triple Product)

$\boldsymbol{A} \cdot (\boldsymbol{B} \times \boldsymbol{C})$는 벡터 $\boldsymbol{A}$와 벡터 $(\boldsymbol{B} \times \boldsymbol{C})$의 내적으로 볼 수 있으므로 스칼라가 되기 때문에 이를 스칼라 삼중적이라고 한다. 단위벡터 표시를 이용해서 이를 계산하면 다음과 같다. 여기서는 중간에 $\boldsymbol{i} \cdot \boldsymbol{i} = 1$, $\boldsymbol{j} \cdot \boldsymbol{j} = 1$, $\boldsymbol{k} \cdot \boldsymbol{k} = 1$의 관계를 이용하였다.

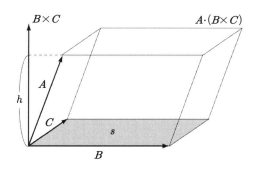

그림 3-17 스칼라 삼중적

$$\boldsymbol{A} = A_x \boldsymbol{i} + A_y \boldsymbol{j} + A_z \boldsymbol{k}$$

$$\boldsymbol{B} \times \boldsymbol{C} = (B_y C_z - B_z C_y)\boldsymbol{i} + (B_z C_x - B_x C_z)\boldsymbol{j} + (B_x C_y - B_y C_x)\boldsymbol{k}$$

$$\boldsymbol{A} \cdot (\boldsymbol{B} \times \boldsymbol{C}) = A_x(B_y C_z - B_z C_y) + A_y(B_z C_x - B_x C_z) + A_z(B_x C_y - B_y C_x)$$

이 관계식은 다음과 같은 행렬식의 determinant로도 나타낼 수 있다.

$$A \cdot (B \times C) = \begin{vmatrix} A_x & A_y & A_z \\ B_x & B_y & B_z \\ C_x & C_y & C_z \end{vmatrix}$$

행렬식은 그 각 행을 순환적으로 교환해도 그 값은 변하지 않기 때문에 다음과 같은 관계가 성립한다.

$$A \cdot (B \times C) = B \cdot (C \times A) = C \cdot (A \times B)$$

한편, 스칼라 삼중적은 3개의 벡터 A, B, C를 기하학적으로 생각하면 이들 벡터를 세 변으로 하는 평행육면체의 체적에 해당한다(그림 3-17).

② 벡터 삼중적(Vector Triple Product)

$A \times (B \times C)$는 벡터 A와 벡터 $(B \times C)$의 외적으로 볼 수 있으므로 벡터가 되며, 이를 벡터 삼중적이라고 한다. 단위벡터 표시를 이용해 이를 계산하면 다음과 같이 나타낼 수 있다.

$B \times C$를 $D_x i + D_y j + D_z k$라 할 경우

$$A \times (B \times C) = (A_y D_z - A_z D_y)i + (A_z D_x - A_x D_z)j + (A_x D_y - A_y D_x)k$$

이를 한 번에 구하고자 하면 복잡해지기 때문에 우선 i에 관한 x성분을 구한다.

$$\begin{aligned} A_y D_z - A_z D_y &= A_y(B_x C_y - B_y C_x) - A_z(B_z C_x - B_x C_z) \\ &= (A_x C_x + A_y C_y + A_z C_z)B_x - (A_x B_x + A_y B_y + A_z B_z)C_x \\ &= (A \cdot C)B_x - (A \cdot B)C_x \end{aligned}$$

같은 방법에 의해 j와 k에 관한 y, z성분에 대해서도 다음과 같이 식을 변형할 수 있다.

$$A_z D_x - A_x D_z = (A \cdot C)B_y - (A \cdot B)C_y$$

$$A_x D_y - A_y D_x = (A \cdot C)B_z - (A \cdot B)C_z$$

이들을 포함해서 모두 합하면 벡터 삼중적의 성질 중 하나를 다음과 같이 정리할 수 있다.

$$A \times (B \times C)$$

$$= (\boldsymbol{A} \cdot \boldsymbol{C})(B_x \boldsymbol{j} + B_y \boldsymbol{j} + B_z \boldsymbol{k}) - (\boldsymbol{A} \cdot \boldsymbol{B})(C_x \boldsymbol{j} + C_y \boldsymbol{j} + C_z \boldsymbol{k})$$

$$= (\boldsymbol{A} \cdot \boldsymbol{C})\boldsymbol{B} - (\boldsymbol{A} \cdot \boldsymbol{B})\boldsymbol{C}$$

이 관계는 회전좌표계 위의 물체에 작용하는 원심력을 구하는 경우 등에 이용할 수 있다.

(6) 벡터의 미분 (Differentiation)

벡터 $\boldsymbol{A}$가 변수 t의 함수일 때 이를 벡터함수라고 하며 $\boldsymbol{A}(t)$로 표기한다. 단위벡터를 사용해서 $\boldsymbol{A}(t)$의 성분을 표시하면 다음과 같다.

$$\boldsymbol{A}(t) = A_x(t)\boldsymbol{i} + A_y(t)\boldsymbol{j} + A_z(t)\boldsymbol{k}$$

또한 $\boldsymbol{A}(t)$를 시간 t로 미분하면 다음과 같다. 즉 $\boldsymbol{i}, \boldsymbol{j}, \boldsymbol{k}$의 성분을 각각 미분한 것을 합한 것이 된다.

$$\frac{d\boldsymbol{A}}{dt} = \frac{dA_x(t)}{dt}\boldsymbol{i} + \frac{dA_y(t)}{dt}\boldsymbol{j} + \frac{dA_z(t)}{dt}\boldsymbol{k}$$

다시 한번 시간 t로 미분하면 다음과 같다.

$$\frac{d^2\boldsymbol{A}}{dt^2} = \frac{d^2A_x(t)}{dt^2}\boldsymbol{i} + \frac{d^2A_y(t)}{dt^2}\boldsymbol{j} + \frac{d^2A_z(t)}{dt^2}\boldsymbol{k}$$

이 관계는 질점의 위치벡터 $\boldsymbol{r}(t)$와 이를 미분한 속도벡터 $\boldsymbol{v}(t)$, 다시 이것을 미분한 가속도벡터 $\boldsymbol{a}(t)$로 다음과 같이 나타낼 수 있다. 아래의 식에서 벡터함수 위에 있는 한 개의 점은 한 번 미분한 것, 두 개의 점은 두 번 미분한 것을 의미한다.

$$\boldsymbol{r}(t) = x(t)\boldsymbol{i} + y(t)\boldsymbol{j} + z(t)\boldsymbol{k}$$

$$\boldsymbol{v}(t) = \dot{\boldsymbol{r}}(t) = \frac{d\boldsymbol{r}(t)}{dt} = \frac{dx(t)}{dt}\boldsymbol{i} + \frac{dy(t)}{dt}\boldsymbol{j} + \frac{dz(t)}{dt}\boldsymbol{k}$$

$$\boldsymbol{a}(t) = \dot{\boldsymbol{v}}(t) = \ddot{\boldsymbol{r}}(t) = \frac{d^2x(t)}{dt^2}\boldsymbol{i} + \frac{d^2y(t)}{dt^2}\boldsymbol{j} + \frac{d^2z(t)}{dt^2}\boldsymbol{k}$$

3-3 운동학을 위한 좌표변환

(1) 평면에서 점의 운동과 좌표변환

좌표평면 위의 점 P(x, y)를 원점 O를 기준으로 각 θ만큼 회전시켜서 점 P$'(x', y')$로 옮기면 점 P$'$의 위치는 어떻게 표현될까?

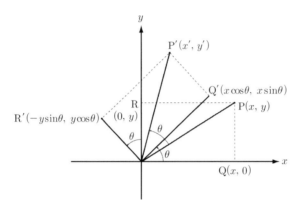

그림 3-18 원점을 기준으로 점의 회전

그림에서와 같이 Q는 P의 x성분, R은 P의 y성분을 좌표로 표현한 것이다. 회전 후 얻어진 P$'$의 x성분은 Q$'$의 x성분과 R$'$의 x성분의 합이 된다. 또 P$'$의 y성분은 Q$'$의 y성분과 R$'$의 y성분의 합이 된다. 따라서 P$'$의 좌표(x', y')는 다음과 같이 나타낼 수 있다.

$$x' = x\cos\theta - y\sin\theta$$
$$y' = x\sin\theta + y\cos\theta$$

또한 이 관계는 행렬을 이용하면 다음과 같이 나타낼 수 있다.

$$\begin{bmatrix} x' \\ y' \end{bmatrix} = \begin{bmatrix} \cos\theta & -\sin\theta \\ \sin\theta & \cos\theta \end{bmatrix} \begin{bmatrix} x \\ y \end{bmatrix}$$

여기서 행렬 $\begin{bmatrix} \cos\theta & -\sin\theta \\ \sin\theta & \cos\theta \end{bmatrix}$은 원점 주위로 각 θ만큼 회전시키는 것을 나타내며, 이것을 회전행렬(Rotation Matrix)이라고 한다. 그리고 간단히 $\boldsymbol{Rot}(\theta)$로 표현한다. 즉, 평면(2차원)

상에서의 회전행렬은 다음과 같다.

$$\boldsymbol{Rot}(\theta) = \begin{bmatrix} \cos\theta & -\sin\theta \\ \sin\theta & \cos\theta \end{bmatrix}$$

예를 들면 점 P(6, 2)를 시계반대방향으로 $\theta = 30°$만큼 회전시켰을 때 P′의 좌표 (x', y')는 회전행렬을 이용해서 다음과 같이 계산할 수 있다.

$$\begin{bmatrix} x' \\ y' \end{bmatrix} = \begin{bmatrix} \cos30° & -\sin30° \\ \sin30° & \cos30° \end{bmatrix} \begin{bmatrix} 6 \\ 2 \end{bmatrix} = \begin{bmatrix} 3\sqrt{3}-1 \\ \sqrt{3}+3 \end{bmatrix}$$

따라서 점 P(6, 2)는 점 P′$(3\sqrt{3}-1, \sqrt{3}+3)$으로 이동한다.

평면운동에서의 원점을 기준으로 하는 한 점의 회전은 각도를 θ_1만큼 회전시킨 후에 다시 각도를 θ_2만큼 회전시키는 경우, 이들을 간단하게 한 번$(\theta_1 + \theta_2)$에 회전시키는 것과 같은 결과가 나온다. 예를 들면 원점 주위로 30° 회전시킨 후에 다시 60° 회전시키는 경우의 점의 이동은 한 번에 90° 회전시킨 경우와 동일하다.

$$\begin{bmatrix} x' \\ y' \end{bmatrix} = \begin{bmatrix} \cos30° & -\sin30° \\ \sin30° & \cos30° \end{bmatrix} \begin{bmatrix} x \\ y \end{bmatrix}, \quad \begin{bmatrix} x'' \\ y'' \end{bmatrix} = \begin{bmatrix} \cos60° & -\sin60° \\ \sin60° & \cos60° \end{bmatrix} \begin{bmatrix} x' \\ y' \end{bmatrix}$$

따라서

$$\begin{bmatrix} x'' \\ y'' \end{bmatrix} = \begin{bmatrix} \cos60° & -\sin60° \\ \sin60° & \cos60° \end{bmatrix} \begin{bmatrix} \cos30° & -\sin30° \\ \sin30° & \cos30° \end{bmatrix} \begin{bmatrix} x \\ y \end{bmatrix}$$

$$= \begin{bmatrix} \dfrac{1}{2} & -\dfrac{\sqrt{3}}{2} \\ \dfrac{\sqrt{3}}{2} & \dfrac{1}{2} \end{bmatrix} \begin{bmatrix} \dfrac{\sqrt{3}}{2} & -\dfrac{1}{2} \\ \dfrac{1}{2} & \dfrac{\sqrt{3}}{2} \end{bmatrix} \begin{bmatrix} x \\ y \end{bmatrix} = \begin{bmatrix} 0 & -1 \\ 1 & 0 \end{bmatrix} \begin{bmatrix} x \\ y \end{bmatrix}$$

여기서 행렬 $\begin{bmatrix} 0 & -1 \\ 1 & 0 \end{bmatrix}$은 원점 주위로의 90° 회전이동을 나타내는 행렬이라는 것을

$\begin{bmatrix} \cos90° & -\sin90° \\ \sin90° & \cos90° \end{bmatrix}$에 의해서도 확인할 수가 있다.

좌표계에서 한 점의 회전운동 외에 평행이동을 하는 병진운동이 있다. 예를 들어, 로봇 암이 늘어나는 것은 병진운동이다. 병진운동은 회전운동과 달리 더 간단히 표현된다. $P(x, y)$가 $l(l_x, l_y)$만큼 병진하면 $P'(x', y') = P'(x+l_x, y+l_y)$가 된다. 즉, $x' = x+l_x$, $y' = y+l_y$가 된다. 회전운동과 병진운동이 있는 경우에 회전운동을 하고 나서 병진운동을 해주면 되는데, 이보다 간단하게 표현하는 방법은 다음과 같다.

그것은 2차원의 회전행렬에 병진을 나타내는 요소가 더해진 3차원의 행렬로 표기하는 것으로, 이를 동차변환행렬(Homogeneous Transformation Matrix)이라고 한다. 이 동차변환행렬을 이용하면 회전과 병진을 하나의 식으로 표현할 수 있다는 장점이 있으므로 특히 회전과 병진을 수없이 하는 로봇의 경우는 매우 유용하게 사용된다.

좌표계에서 한 점 $P(x, y)$을 각도 θ만큼 회전시킨 후 x 방향으로 l_x, y 방향으로 l_y만큼 평행이동시킨 후 얻어지는 새로운 점의 위치 $P'(x', y')$가 되는 경우, 이 관계는 다음과 같이 나타낼 수 있다. 이 3×3 행렬이 동차변환행렬이다.

$$\begin{bmatrix} x' \\ y' \\ 1 \end{bmatrix} = \begin{bmatrix} \cos\theta & -\sin\theta & l_x \\ \sin\theta & \cos\theta & l_y \\ 0 & 0 & 1 \end{bmatrix} \begin{bmatrix} x \\ y \\ 1 \end{bmatrix}$$

한 점이 $(2,0)$에 있다고 하자. 이 점을 원점 주위로 $45°$ 회전시킨 후 x 방향으로 3, y 방향으로 3만큼 이동시키는 것은 다음과 같은 동차변환행렬로 나타낼 수 있다(그림 3-19). 그 결과 이 행렬에 의해 점 $(2, 0)$은 다음과 같이 이동한다.

$$\begin{bmatrix} x' \\ y' \\ 1 \end{bmatrix} = \begin{bmatrix} \cos45° & -\sin45° & 3 \\ \sin45° & \cos45° & 3 \\ 0 & 0 & 1 \end{bmatrix} \begin{bmatrix} 2 \\ 0 \\ 1 \end{bmatrix}$$

$$x' = \cos45° \times 2 + 3 \times 1 = \frac{\sqrt{2}}{2} \times 2 + 3$$
$$= \sqrt{2} + 3$$
$$y' = \sin45° \times 2 + 3 \times 1 = \frac{\sqrt{2}}{2} \times 2 + 3$$
$$= \sqrt{2} + 3$$

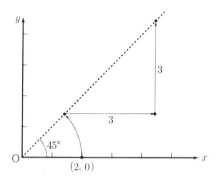

그림 3-19 동차변환행렬에 의한 점의 회전과 병진운동

여기서는 고정된 좌표계에서 원점을 기준으로 하는 한 점의 회전운동과 병진운동에 대해 알아보았다. 한 점의 운동은 원점에서 그 점까지의 벡터와 같은 의미를 갖기 때문에 벡터의 회전과 병진으로 해석될 수도 있다. 벡터의 회전운동은 그림 3-20을 이용해서 알아보자.

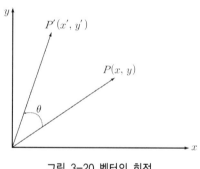

그림 3-20 벡터의 회전

여기서 한 점 P와 P′까지의 벡터를 P, $P′$라고 하자. 이때 행렬식으로 벡터를 표현하면 $P = \begin{bmatrix} x \\ y \end{bmatrix}$ 그리고 $P′ = \begin{bmatrix} x′ \\ y′ \end{bmatrix}$가 된다. 앞에서 얻어진 결과를 이용하면 다음과 같이 나타낼 수 있다.

벡터의 회전 : $P′ = Rot(\theta) P = \begin{bmatrix} \cos\theta & -\sin\theta \\ \sin\theta & \cos\theta \end{bmatrix} P$

여기서 회전행렬(Rotation Matrix)의 의미를 좀더 자세히 이해하고 넘어가도록 하자. 회전행렬

$\boldsymbol{Rot}\,(\theta)$은 2개의 열(Column)벡터로 구성되어 있다고 볼 수 있다. 첫 번째 열벡터는 $\begin{bmatrix} \cos\theta \\ \sin\theta \end{bmatrix}$ 이며, 두 번째 열벡터는 $\begin{bmatrix} -\sin\theta \\ \cos\theta \end{bmatrix}$ 이다. 이 열벡터는 그림 3-18에서 회전 후 얻어진 새로운 좌표계에 해당하는 Q'와 R'의 단위벡터에 해당한다는 것을 알 수 있다. 즉, 아래의 그림 3-21에서와 같이 좌표가 회전을 하는 경우 새로 얻어진 좌표의 x_1, y_1 방향을 회전행렬의 두 열벡터가 가리킨다는 것이다. 따라서 회전행렬은 좌표와 좌표와의 회전관계를 나타낸다는 것을 알 수 있다.

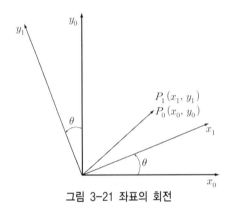

그림 3-21 좌표의 회전

그러면 다시 그림 3-21에서 본래의 좌표 상에 있는 벡터 $\boldsymbol{P}_0 = \begin{bmatrix} x_0 \\ y_0 \end{bmatrix}$ 는 좌표의 회전 후 새로운 좌표 상에서 $\boldsymbol{P}_1 = \begin{bmatrix} x_1 \\ y_1 \end{bmatrix}$ 이 되었다. 이들의 관계는 어떻게 되는 것일까? 좌표의 회전 θ는 벡터의 회전 $-\theta$와 같은 결과를 가져온다는 사실을 알 수 있는데, 이것을 바탕으로 앞에서 벡터의 회전 공식을 이용하면 $\boldsymbol{P}_1 = \boldsymbol{Rot}\,(-\theta)\boldsymbol{P}_0$가 된다.

$$\boldsymbol{Rot}\,(-\theta) = \begin{bmatrix} \cos\,(-\theta) & -\sin\,(-\theta) \\ \sin\,(-\theta) & \cos\,(-\theta) \end{bmatrix} = \begin{bmatrix} \cos\theta & \sin\theta \\ -\sin\theta & \cos\theta \end{bmatrix} = \boldsymbol{Rot}\,(\theta)^T$$

가 되므로 (여기서 T는 Transpose를 의미함) 다음과 같이 구할 수 있다.

좌표의 회전: $\boldsymbol{P}_1 = \boldsymbol{Rot}\,(\theta)^T \boldsymbol{P}_0 = \begin{bmatrix} \cos\theta & \sin\theta \\ -\sin\theta & \cos\theta \end{bmatrix} \boldsymbol{P}_0$

또는 $\boldsymbol{P}_0 = \boldsymbol{Rot}\,(\theta)\,\boldsymbol{P}_1 = \begin{bmatrix} \cos\theta & -\sin\theta \\ \sin\theta & \cos\theta \end{bmatrix} \boldsymbol{P}_1$

벡터의 회전과 좌표의 회전은 서로 밀접한 관계를 가지고 있지만 혼동하기 쉬우므로 주의해야 한다. 회전행렬의 특징을 좀더 살펴보자. 회전행렬은 정규직교행렬(Orthonormal Matrix)에 해당한다. 정규직표행렬은 다음과 같은 특징을 갖는다.

① 열벡터는 크기가 1인 단위벡터로 구성된다.

② 열벡터는 서로 직교 관계를 갖는다.

③ $\boldsymbol{Rot}(\theta)^T = \boldsymbol{Rot}(\theta)^{-1}$: Transpose와 Inverse가 같다.

④ $|\boldsymbol{Rot}(\theta)| = \det(\boldsymbol{Rot}(\theta)) = 1$: determinant가 1이다.

(2) 공간운동에서의 좌표변환

앞에서는 평면 내에서의 2차원 평면운동에 대해 알아보았으며 이번에는 3차원 공간운동에 대해 알아보려 한다. 일반적으로 로봇의 관절은 x, y, z축 중 하나를 회전축으로 생각하는 경우가 많기 때문에 앞에서 배운 2차원 평면상의 회전과 병진운동을 3차원으로 확장해서 이해할 필요가 있다. 그 중에서 가장 중요한 것은 3차원 회전행렬에 대한 이해이다. 자세히 말하면 x, y, z축을 중심으로 회전하는 경우의 $\boldsymbol{Rot}_x(\theta)$, $\boldsymbol{Rot}_y(\theta)$, $\boldsymbol{Rot}_z(\theta)$를 구하고 이해하는 것이 중요하다.

한 점의 회전은 벡터의 회전과 동일하다는 것과 좌표의 회전에 대해 앞에서 배운 바를 활용하여 3차원 회전행렬을 구해보자. 회전행렬의 열벡터는 좌표가 회전한 후 생기는 새로운 x', y', z'축방향의 단위벡터와 일치한다는 성질을 이용해서 3차원 회전행렬을 구할 수 있다.

공간좌표계 (x_0, y_0, z_0)를 z_0축 주위로 각도 θ만큼 회전시킨 좌표계(x_1, y_1, z_1)를 생각해 보자(그림 3-22).

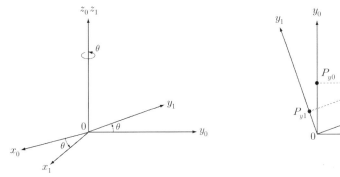

그림 3-22 z축 주위로의 회전

3차원 공간운동에서 3×3 회전행렬의 열벡터는 회전 후 생기는 새로운 좌표축으로의 단위벡터에 해당한다는 사실을 이용해서 구할 수 있다.

좌표축 x_1 위에 있는 단위벡터의 $x_0,\ y_0,\ z_0$ 방향의 성분은 각각 다음과 같이 나타낼 수 있다.

x_0방향 : $R_{11} = \cos\theta$

y_0방향 : $R_{21} = \sin\theta$

z_0방향 : $R_{31} = 0$

좌표축 y_1 위에 있는 단위벡터의 $x_0,\ y_0,\ z_0$ 방향의 성분은 각각 다음과 같이 나타낼 수 있다.

x_0방향 : $R_{12} = -\sin\theta$

y_0방향 : $R_{22} = \cos\theta$

z_0방향 : $R_{32} = 0$

좌표축 z_1 위에 있는 단위벡터의 $x_0,\ y_0,\ z_0$ 방향의 성분은 각각 다음과 같이 나타낼 수 있다.

x_0방향 : $R_{13} = 0$

y_0방향 : $R_{23} = 0$

z_0방향 : $R_{33} = 1$

이들 9개의 성분을 하나로 종합하면 z축으로 회전하는 경우의 3×3 회전행렬을 다음과 같이 구할 수 있다.

$$\boldsymbol{Rot}_z(\theta) = \begin{bmatrix} \cos\theta & -\sin\theta & 0 \\ \sin\theta & \cos\theta & 0 \\ 0 & 0 & 1 \end{bmatrix}$$

이를 이용하면 고정된 좌표계에서의 한 점 P가 만드는 벡터 $\boldsymbol{P}$가 z축을 중심으로 θ각도 회전한 경우 얻어진 새로운 점이 만드는 벡터 $\boldsymbol{P}'$와의 관계는 다음과 같이 나타낼 수 있다.

벡터의 회전 : $\boldsymbol{P}' = \boldsymbol{Rot}_z(\theta)\boldsymbol{P}$

그리고 그림 3-22에서와 같이 공간상에 고정된 한 점의 위치 벡터 $\boldsymbol{P}_0(P_{x0},\ P_{y0},\ P_{z0})$가 좌표계 $(x_0,\ y_0,\ z_0)$에 있고 좌표가 z축을 기준으로 회전한 경우에 얻어지는 점의 위치 벡터 $\boldsymbol{P}_1$ $(P_{x1},\ P_{y1},\ P_{z1})$이 좌표계 $(x_1,\ y_1,\ z_1)$에 있다면 이들과의 관계는 다음과 같다.

좌표의 회전 : $\boldsymbol{P}_1 = \boldsymbol{Rot}_z(\theta)^T \boldsymbol{P}_0$ 또는 $\boldsymbol{P}_0 = \boldsymbol{Rot}_z(\theta)\boldsymbol{P}_1$

위에서 두 번째 관계식을 풀어서 쓰면 다음과 같다.

$$
\begin{bmatrix} P_{x0} \\ P_{y0} \\ P_{z0} \end{bmatrix} = \begin{bmatrix} R_{11} & R_{12} & R_{13} \\ R_{21} & R_{22} & R_{23} \\ R_{31} & R_{32} & R_{33} \end{bmatrix} \begin{bmatrix} P_{x1} \\ P_{y1} \\ P_{z1} \end{bmatrix}
$$

$$
= \begin{bmatrix} \cos\theta & -\sin\theta & 0 \\ \sin\theta & \cos\theta & 0 \\ 0 & 0 & 1 \end{bmatrix} \begin{bmatrix} P_{x1} \\ P_{y1} \\ P_{z1} \end{bmatrix}
$$

여기서 이 행렬을 전개해서 다음과 같이 표기할 수도 있다.

$$
\begin{aligned}
P_{xo} &= R_{11}P_{x1} + R_{12}P_{y1} + R_{13}P_{z1} \\
&= P_{x1}\cos\theta - P_{y1}\sin\theta \\
P_{yo} &= R_{21}P_{x1} + R_{22}P_{y1} + R_{23}P_{z1} \\
&= P_{x1}\sin\theta + P_{y1}\cos\theta \\
P_{zo} &= R_{31}P_{x1} + R_{32}P_{y1} + R_{33}P_{z1} \\
&= P_{z1}
\end{aligned}
$$

한편 x_0축 주위와 y_0축 주위로의 회전행렬도 같은 방법으로 도출할 수 있다.

$\boldsymbol{Rot}_x(\theta) = x_0$축 주위로의 회전행렬 $\qquad \boldsymbol{Rot}_y(\theta) = y_0$축 주위로의 회전행렬

$$
\begin{bmatrix} 1 & 0 & 0 \\ 0 & \cos\theta & -\sin\theta \\ 0 & \sin\theta & \cos\theta \end{bmatrix} \qquad\qquad \begin{bmatrix} \cos\theta & 0 & \sin\theta \\ 0 & 1 & 0 \\ -\sin\theta & 0 & \cos\theta \end{bmatrix}
$$

여기서 구한 회전행렬 3개는 앞서 설명한 대로 x축, y축, z축 주위로 각도 θ만큼 회전시킨 행렬을 이용함으로써 구체적인 값이 결정된다. 또한 3차원 공간에서도 회전 외에 병진을 고려할

필요가 있다. 그리고 임의의 좌표계의 변환은 회전과 병진이 함께 일어난 것으로 생각할 수 있다. 3×3의 회전행렬에 병진의 요소를 한 개 추가해서 4×4의 좌표변환행렬로 나타낼 수 있다 (그림 3-23). 평면운동의 경우와 마찬가지로 이것을 동차변환행렬이라고 한다.

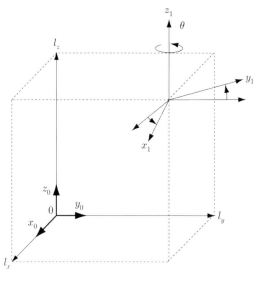

그림 3-23 회전과 병진

좌표계 $(x_0,\ y_0,\ z_0)$를 x_0 방향으로 l_x, y_0 방향으로 l_y, z_0 방향으로 l_z만큼 평행이동시키고 다시 z_1축 주위로 각도 θ만큼 회전시킨 것이 $(x_1,\ y_1,\ z_1)$일 때, 이 관계는 다음과 같은 행렬로 나타낼 수 있다(그림 3-24).

$$
\begin{bmatrix} P_{x0} \\ P_{y0} \\ P_{z0} \\ 1 \end{bmatrix} = \begin{bmatrix} R_{11} & R_{12} & R_{13} & l_x \\ R_{21} & R_{22} & R_{23} & l_y \\ R_{31} & R_{32} & R_{33} & l_z \\ 0 & 0 & 0 & 1 \end{bmatrix} \begin{bmatrix} P_{x1} \\ P_{y1} \\ P_{z1} \\ 1 \end{bmatrix}
$$

$$
= \begin{bmatrix} \cos\theta & -\sin\theta & 0 & l_x \\ \sin\theta & \cos\theta & 0 & l_y \\ 0 & 0 & 1 & l_z \\ 0 & 0 & 0 & 1 \end{bmatrix} \begin{bmatrix} P_{x1} \\ P_{y1} \\ P_{z1} \\ 1 \end{bmatrix}
$$

이 행렬로 회전과 병진을 나타내는구나.

그림 3-24 동차변환행렬

여기서 이 행렬을 전개해서 다음과 같이 표기할 수 있다.

$$P_{xo} = R_{11}P_{x1} + R_{12}P_{y1} + R_{13}P_{z1} + l_x$$
$$= P_{x1}\cos\theta - P_{y1}\sin\theta + l_x$$
$$P_{yo} = R_{21}P_{x1} + R_{22}P_{y1} + R_{23}P_{z1} + l_y$$
$$= P_{x1}\sin\theta + P_{y1}\cos\theta + l_y$$
$$P_{zo} = R_{31}P_{x1} + R_{32}P_{y1} + R_{33}P_{z1} + l_z$$
$$= P_{z1} + l_z$$

한편 x_0축 주위와 y_0축 주위로의 동차변환행렬도 같은 방법으로 도출할 수 있다.

x_0축 주위로의 동차변환행렬

$$\begin{bmatrix} 1 & 0 & 0 & l_x \\ 0 & \cos\theta & -\sin\theta & l_y \\ 0 & \sin\theta & \cos\theta & l_z \\ 0 & 0 & 0 & 1 \end{bmatrix}$$

y_0축 주위로의 동차변환행렬

$$\begin{bmatrix} \cos\theta & 0 & \sin\theta & l_x \\ 0 & 1 & 0 & l_y \\ -\sin\theta & 0 & \cos\theta & l_z \\ 0 & 0 & 0 & 1 \end{bmatrix}$$

또한 R 방향으로의 병진만을 나타내는 경우에 자세는 달라지지 않기 때문에 다음과 같은 행렬로 나타낼 수 있다(그림 3-25).

$$\begin{bmatrix} 1 & 0 & 0 & r_x \\ 0 & 1 & 0 & r_y \\ 0 & 0 & 1 & r_z \\ 0 & 0 & 0 & 1 \end{bmatrix}$$

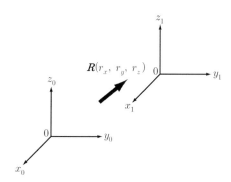

그림 3-25 R 방향으로의 병진운동

일반적으로 회전행렬은 9개의 성분을 가지고 있는데, 이들 요소는 서로 관련되어 있기 때문에 독립적으로 존재하는 경우는 없다. 그 때문에 로봇의 자세 등을 표기하는 경우에는 이들의 관련성을 고려해서 정리할 경우 3개의 변수로 나타낼 수 있다. 3개의 독립된 변수로 나타내는 방법은 여러 가지가 있으며, 그 중에서 가장 많이 사용하는 롤, 피치, 요와 오일러 각에 대해 좀더 자세히 알아보자.

① 롤(Roll), 피치(Pitch), 요(Yaw)

하나의 좌표에 대한 다른 좌표의 방향을 나타내기 위해서는 롤, 피치, 요라는 3개의 독립변수로 나타낼 수 있다. 다음과 같은 순서로 구할 수 있다.

ⓐ 먼저 기준으로 하는 좌표계 (x_0, y_0, z_0)를 z_0축 주위로 각도 ϕ만큼 회전시킨 좌표를 (x_1, y_1, z_1)라고 한다.

$$
{}_1^0R = \begin{bmatrix} \cos\phi & -\sin\phi & 0 \\ \sin\phi & \cos\phi & 0 \\ 0 & 0 & 1 \end{bmatrix}
$$

ⓑ 다음은 이것을 y_1축 주위로 각도 θ만큼 회전시킨 좌표계를 (x_2, y_2, z_2)라고 한다.

$$
{}_2^1R = \begin{bmatrix} \cos\theta & 0 & \sin\theta \\ 0 & 1 & 0 \\ -\sin\theta & 0 & \cos\theta \end{bmatrix}
$$

ⓒ 마지막으로 이것을 x_2축 주위로 각도 ψ만큼 회전시킨 좌표계를 (x_3, y_3, z_3)라고 한다.

$$
{}_3^2R = \begin{bmatrix} 1 & 0 & 0 \\ 0 & \cos\psi & -\sin\psi \\ 0 & \sin\psi & \cos\psi \end{bmatrix}
$$

이 3개의 좌표변환을 그림으로 나타내면 그림 3-26과 같이 나타낼 수 있다.

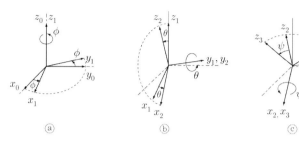

그림 3-26 롤, 피치, 요

ⓓ 각도 $(\phi,\ \theta,\ \psi)$로 표시되는 이 세 개의 회전을 하나로 정리하면 다음과 같은 회전행렬을 얻을 수 있다.

$$
{}_3^0R = \left({}_1^0R\right)\left({}_2^1R\right)\left({}_3^2R\right)
$$

$$
= \begin{bmatrix} \cos\phi & -\sin\phi & 0 \\ \sin\phi & \cos\phi & 0 \\ 0 & 0 & 1 \end{bmatrix} \begin{bmatrix} \cos\theta & 0 & \sin\theta \\ 0 & 1 & 0 \\ -\sin\theta & 0 & \cos\theta \end{bmatrix} \begin{bmatrix} 1 & 0 & 0 \\ 0 & \cos\psi & -\sin\psi \\ 0 & \sin\psi & \cos\psi \end{bmatrix}
$$

$$
= \begin{bmatrix} \cos\phi\cos\theta & \cos\phi\sin\theta\sin\psi - \sin\phi\cos\psi & \cos\phi\sin\theta\cos\psi + \sin\phi\sin\psi \\ \sin\phi\cos\theta & \sin\phi\sin\theta\sin\psi + \cos\phi\cos\psi & \sin\phi\sin\theta\cos\psi - \cos\phi\sin\psi \\ -\sin\theta & \cos\theta\sin\psi & \cos\theta\cos\psi \end{bmatrix}
$$

② 오일러 각 (Euler Angle)

기준 좌표계에 대한 다른 좌표의 방향을 나타내는 또 다른 방법은 오일러 각이다. 오일러 각 역시 롤, 피치, 요와 동일한 방법으로 3개의 변수로 나타낼 수 있지만 z축과 y축의 두 축을 회전축으로 하는 개소가 다르다. 오일러 각은 다음과 같은 순서로 구할 수 있다.

ⓐ 먼저 기준으로 하는 좌표계 $(x_0,\ y_0,\ z_0)$를 z_0축 주위로 각도 ϕ만큼 회전시킨 좌표를 $(x_1,\ y_1,\ z_1)$라고 한다.

$$
{}_1^0R = \begin{bmatrix} \cos\phi & -\sin\phi & 0 \\ \sin\phi & \cos\phi & 0 \\ 0 & 0 & 1 \end{bmatrix}
$$

ⓑ 다음은 이것을 y_1축 주위로 각도 θ만큼 회전시킨 좌표계를 $(x_2,\ y_2,\ z_2)$라고 한다.

$$\frac{1}{2}R = \begin{bmatrix} \cos\theta & 0 & \sin\theta \\ 0 & 1 & 0 \\ -\sin\theta & 0 & \cos\theta \end{bmatrix}$$

ⓒ 마지막으로 이것을 z_2축 주위로 각도 ψ만큼 회전시 킨 좌표계를 $(x_3,\ y_3,\ z_3)$라고 한다.

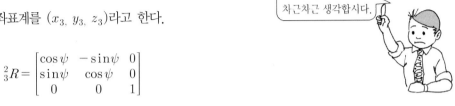

까다롭지만 하나씩 차근차근 생각합시다.

$$\frac{2}{3}R = \begin{bmatrix} \cos\psi & -\sin\psi & 0 \\ \sin\psi & \cos\psi & 0 \\ 0 & 0 & 1 \end{bmatrix}$$

이 3개의 좌표변환을 그림으로 나타내면 각각 그림 3-27과 같이 나타낼 수 있다.

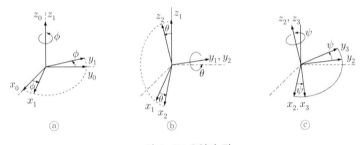

그림 3-27 오일러 각

ⓓ 각도 $(\phi,\ \theta,\ \psi)$로 표시되는 이들 회전을 정리하면 다음과 같은 회전행렬을 얻을 수 있다.

$$\frac{0}{3}R = \left(\frac{0}{1}R\right)\left(\frac{1}{2}R\right)\left(\frac{2}{3}R\right)$$

$$= \begin{bmatrix} \cos\phi & -\sin\phi & 0 \\ \sin\phi & \cos\phi & 0 \\ 0 & 0 & 1 \end{bmatrix}\begin{bmatrix} \cos\theta & 0 & \sin\theta \\ 0 & 1 & 0 \\ -\sin\theta & 0 & \cos\theta \end{bmatrix}\begin{bmatrix} \cos\psi & -\sin\psi & 0 \\ \sin\psi & \cos\psi & 0 \\ 0 & 0 & 1 \end{bmatrix}$$

$$= \begin{bmatrix} \cos\phi\cos\theta\cos\psi-\sin\phi\sin\psi & -\cos\phi\cos\theta\sin\psi-\sin\phi\cos\psi & \cos\phi\sin\theta \\ \sin\phi\cos\theta\cos\psi+\cos\phi\sin\psi & -\sin\phi\sin\theta\sin\psi+\cos\phi\cos\psi & \sin\phi\sin\theta \\ -\sin\theta\cos\psi & \sin\theta\sin\psi & \cos\theta \end{bmatrix}$$

평면운동과 공간운동에서의 좌표변환을 학습함으로써 로봇의 자세(위치와 방향)를 기술할 수 있게 되었다. 이것이 가능해지면 위치를 미분해서 속도, 속도를 미분해서 가속도를 구할 수가 있으므로 로봇의 운동을 다면적으로 검토할 수가 있다.

(3) 평면운동에서의 위치, 속도, 가속도

위치벡터 r을 미분해서 속도와 가속도를 구하기 전에 회전좌표계의 단위벡터 i_r, j_r에 대해 확인해 두기로 한다. 크기 1인 단위벡터 i_r, j_r이 원점 O을 중심으로 회전할 때 회전벡터 ω의 방향은 이 단위벡터에 수직인 방향이 된다.

여기서 벡터의 각속도를 $\omega = d\theta/dt$로 해서 도입하면 한없이 짧은 시간 dt가 경과했을 때의 단위벡터 i_r, j_r의 변화 di_r, dj_r은 다음과 같이 나타낼 수 있다(그림 3-28).

$$di_r = \omega dt j_r$$

$$dj_r = -\omega dt i_r$$

여기서 나중에 이용하기 위해 위 식을 다음과 같이 변형해 둔다.

$$\frac{di_r}{dt} = \omega j_r, \quad \frac{dj_r}{dt} = -\omega i_r$$

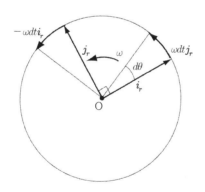

그림 3-28 단위벡터의 시간변화

① 직교좌표(Cartesian Coordinate)

x축과 y축이 서로 직교하고 그 내부에 있는 점을(x, y)로 표기하는 좌표계를 직교좌표계라고 한다(그림 3-29). 점 P(x, y)의 x 및 y 방향의 단위벡터를 각각 i, j라 하면 점 P의 위치벡터 r은 다음의 식으로 나타낼 수 있다.

$$r = xi + yj$$

이것을 시간 t로 미분해서 속도 v를 구하면 다음과 같다.

$$v = \dot{r} = \dot{x}i + \dot{y}j$$

다시 속도 v를 시간 t로 미분해서 가속도 a를 구하면 다음과 같다.

$$a = \dot{v} = \ddot{x}i + \ddot{y}j$$

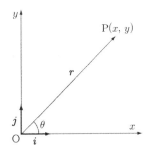

그림 3-29 직교좌표계

② 극좌표(Polar Coordinate)

x축과 y축이 서로 직교하고 그 내부에 있는 점을 $(r,\ \theta)$로 표기하는 좌표계를 극좌표계라고 한다(그림 3-30). 여기서 r은 원점부터 점까지의 길이를, θ는 x축과 이루는 각도를 나타낸다. 그림에서와 같이 단위벡터를 $i_r,\ j_r$로 정의하면 점 P의 위치벡터 r은 다음의 식으로 나타낼 수 있다.

$$r = ri_r$$

이때 j_r은 r에 대해 직교하고 있으므로 여기서는 나타나지 않는다. 그리고 $i,\ j$은 $i,\ j$로 다음과 같이 나타낼 수 있다.

$$i_r = \cos\theta i + \sin\theta j$$
$$j_r = -\sin\theta i + \cos\theta j$$

위 식을 시간 t로 미분하면 다음과 같이 변형할 수 있다.

$$\frac{di_r}{dt} = -\dot{\theta}\sin\theta i + \dot{\theta}\cos\theta j \; (=\dot{\theta}j_r)$$

$$\frac{dj_r}{dt} = -\dot{\theta}\cos\theta i - \dot{\theta}\sin\theta j \; (=-\dot{\theta}i_r)$$

단위벡터의 시간변화의 관계식을 이용하면서 위치벡터 r을 미분해서 속도 v와 가속도 a를 구하면 다음과 같다.

$$v = \dot{r} = \frac{dr}{dt}i_r + r\frac{di_r}{dt}$$

$$= \dot{r}i_r + r\dot{\theta}j_r$$

$$a = \dot{v} = \ddot{r}i_r + \dot{r}\dot{\theta}j_r + \dot{r}\dot{\theta}j_r + r\ddot{\theta}j_r + r\dot{\theta}(-\dot{\theta}i_r)$$

$$= (\ddot{r} - r\dot{\theta}^2)i_r + (r\ddot{\theta} + 2\dot{r}\dot{\theta})j_r$$

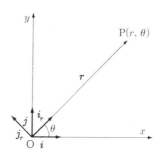

그림 3-30 극좌표계

(4) 공간운동에서의 위치, 속도, 가속도

① 직교좌표(Cartesian Coordinate)(그림 3–31)

점 $P(x, y, z)$의 x, y, z 방향의 단위벡터를 각각 i, j, k라 하면 점 P의 위치벡터 r은 다음의 식으로 나타낼 수 있다.

$$r = r_x + r_y + r_z = xi + yj + zk$$

평면운동과 마찬가지로 위치벡터 r을 미분해서 속도 v와 가속도 a를 구하면 다음과 같다.

$$v = \dot{r} = \dot{x}i + \dot{y}j + \dot{z}k$$
$$a = \dot{v} = \ddot{x}i + \ddot{y}j + \ddot{z}k$$

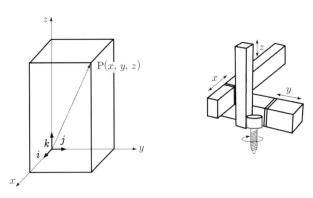

그림 3-31 직교좌표계

② 원통좌표(Cylindrical Coordinate)

평면의 극좌표계에 수직인 z축이 더해진 것을 원통좌표계라고 한다(그림 3-32). 점 $P(r,\ \theta,\ z)$의 단위벡터를 그림에서와 같이 각각 i_r, j_r, k_r이라 하면 θ의 변화에 따라 i_r과 j_r은 z축 주위를 각속도벡터 $\omega = d\theta/dt\,k$로 회전하며, k_r은 항상 z축 방향을 향하고 있으므로 $k_r = k$가 되고 $\omega = d\theta/dt\,k_r$이 된다.

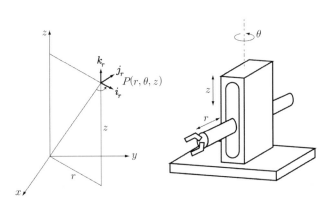

그림 3-32 원통좌표계

이때 단위벡터 i_r, j_r, k_r의 미분은 각속도벡터 ω를 이용하면 각각 다음과 같은 벡터의 외적으로 나타낼 수가 있다. 그림 3-33은 임의의 방향을 갖는 각속도 ω에 의한 임의의 위치벡터 r에서 생기는 속도벡터를 표현한 것이다. 하지만 여기서 ω는 원통좌표계의 θ의 시간변화율이므로 k의 방향과 일치한다는 것을 주의해야 한다.

$$\frac{di_r}{dt} = \omega \times i_r = \frac{d\theta}{dt} k_r \times i_r = \frac{d\theta}{dt} j_r$$

$$\frac{dj_r}{dt} = \omega \times j_r = \frac{d\theta}{dt} k_r \times j_r = -\frac{d\theta}{dt} i_r$$

$$\frac{dk_r}{dt} = \omega \times k_r = \frac{d\theta}{dt} k_r \times k_r = 0$$

이때 식의 변형에는 외적의 관계식을 이용하였다.

$$i \times i = 0 \quad j \times j = 0 \quad k \times k = 0$$

$$i \times j = -j \times i = k \quad j \times k = -k \times j = i \quad k \times i = -i \times k = j$$

이때 점 P의 위치벡터 r은 다음의 식으로 나타낼 수 있다.

$$r = ri_r + zk_r$$

또한 위치벡터 r을 시간 t로 미분해서 각속도벡터의 관계식을 대입하면 다음과 같이 속도 v와 가속도 a를 구할 수 있다.

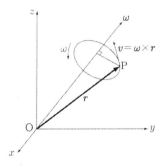

그림 3-33 각속도벡터

$$v = \dot{r} = \frac{dr}{dt}i_r + r\frac{di_r}{dt} + \frac{dz}{dt}k_r + z\frac{dk_r}{dt}$$

$$= \dot{r}i_r + r\frac{d\theta}{dt}j_r + \frac{dz}{dt}k_r + z\cdot 0$$

$$= \dot{r}i_r + r\dot{\theta}j_r + \dot{z}k_r$$

$$a = \dot{v} = \frac{d^2r}{dt^2}i_r + \frac{dr}{dt}\frac{di_r}{dt} + \frac{dr}{dt}\frac{d\theta}{dt}j_r + r\frac{d^2\theta}{dt^2}j_r + r\frac{d\theta}{dt}\frac{dj_r}{dt} + \frac{d^2z}{dt^2}k_r + \frac{dz}{dt}\frac{dk_r}{dt}$$

$$= \ddot{r}i_r + \dot{r}\frac{d\theta}{dt}j_r + \dot{r}\frac{d\theta}{dt}j_r + r\ddot{\theta}j_r + r\dot{\theta}\left(-\frac{d\theta}{dt}i_r\right) + \ddot{z}k_r + \dot{z}\cdot 0$$

$$= \ddot{r}i_r + \dot{r}\dot{\theta}j_r + \dot{r}\dot{\theta}j_r + r\ddot{\theta}j_r - r\dot{\theta}^2i_r + \ddot{z}k_r$$

$$= (\ddot{r} - r\dot{\theta}^2)i_r + (r\ddot{\theta} + 2\dot{r}\dot{\theta})j_r + \ddot{z}k_r$$

③ 구면좌표(Spherical Coordinate)

원통좌표계가 점 P의 좌표 (r, θ, z)를 2개의 길이 r, z와 1개의 각도 θ로 나타낸 것과 달리 구면좌표계에서는 점 P의 좌표를 (r, ϕ, θ)로 해서 1개의 길이 r과 2개의 각도 ϕ, θ로 나타낸다(그림 3-34). 이때 r, ϕ, θ의 증가방향의 단위벡터를 i_r, j_r, k_r이라 하면 점 P의 위치벡터 r은 다음 식으로 나타낼 수 있다.

$$r = ri_r$$

또한 위치벡터 r을 시간 t로 미분해서 각속도벡터의 관계식을 대입하면 다음과 같이 속도 v와 가속도 a를 구할 수 있다.

$$v = \dot{r} = \frac{dr}{dt}i_r + r\frac{di_r}{dt}$$

$$a = \dot{v} = \frac{d^2r}{dt^2}i_r + \frac{dr}{dt}\frac{di_r}{dt} + \frac{dr}{dt}\frac{di_r}{dt} + r\frac{d^2i_r}{dt^2} = \frac{d^2r}{dt^2}i_r + 2\frac{dr}{dt}\frac{di_r}{dt} + r\frac{d^2i_r}{dt^2}$$

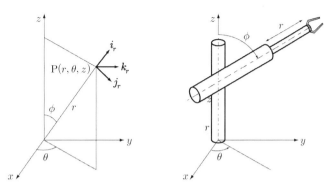

그림 3-34 구좌표계

여기서 θ는 z축 주위로의 회전, ϕ는 $\boldsymbol{k}_r$ 주위로의 회전이므로 이때의 각속도는 다음과 같은 관계가 있다.

$$\boldsymbol{\omega} = \frac{d\theta}{dt}\boldsymbol{k} + \frac{d\phi}{dt}\boldsymbol{k}_r$$

여기서 $\boldsymbol{k}$는 z축 방향의 단위벡터이며 다음과 같은 관계가 있다.

$$\boldsymbol{k} = \cos\phi\,\boldsymbol{i}_r - \sin\phi\,\boldsymbol{j}_r$$

이 관계식을 $\boldsymbol{\omega}$의 식에 대입하면 다음과 같이 변형된다.

$$\boldsymbol{\omega} = \frac{d\theta}{dt}\cos\phi\,\boldsymbol{i}_r - \frac{d\theta}{dt}\sin\phi\,\boldsymbol{j}_r + \frac{d\phi}{dt}\boldsymbol{k}_r$$

여기서 각속도 $\dfrac{d\boldsymbol{r}}{dt} = \boldsymbol{\omega} \times \boldsymbol{r}$의 관계나 외적의 관계를 이용해서 식을 변형하면 다음 식이 성립한다.

$$\frac{d\boldsymbol{i}_r}{dt} = \boldsymbol{\omega} \times \boldsymbol{i}_r = \left(\frac{d\theta}{dt}\cos\phi\,\boldsymbol{i}_r - \frac{d\theta}{dt}\sin\phi\,\boldsymbol{j}_r + \frac{d\phi}{dt}\boldsymbol{k}_r\right) \times \boldsymbol{i}_r$$

$$= \frac{d\phi}{dt}\boldsymbol{j}_r + \frac{d\theta}{dt}\sin\phi\,\boldsymbol{k}_r$$

$$\frac{d\boldsymbol{j}_r}{dt} = \boldsymbol{\omega} \times \boldsymbol{j}_r = -\frac{d\phi}{dt}\boldsymbol{i}_r + \frac{d\theta}{dt}\cos\phi\,\boldsymbol{k}_r$$

$$\frac{d\boldsymbol{k_r}}{dt} = \boldsymbol{\omega} \times \boldsymbol{k_r} = -\frac{d\theta}{dt}\sin\phi\,\boldsymbol{i_r} - \frac{d\theta}{dt}\cos\phi\,\boldsymbol{j_r}$$

앞에서 구한 속도 $\boldsymbol{v}$, 가속도 $\boldsymbol{a}$의 식을 다음 식과 같이 바꾸어 쓸 수 있는데 여기에 위의 관계식을 대입하면 전체 식을 구할 수 있다.

$$\boldsymbol{v} = \frac{dr}{dt}\boldsymbol{i_r} + r\frac{d\boldsymbol{i_r}}{dt} = \dot{r}\,\boldsymbol{i_r} + r(\boldsymbol{\omega} \times \boldsymbol{i_r})$$

$$\boldsymbol{a} = \frac{d^2r}{dt^2}\boldsymbol{i_r} + 2\frac{dr}{dt}\frac{d\boldsymbol{i_r}}{dt} + r\frac{d^2\boldsymbol{i_r}}{dt^2} = \ddot{r}\,\boldsymbol{i_r} + 2\dot{r}(\boldsymbol{\omega} \times \boldsymbol{i_r}) + r[\boldsymbol{w} \times (\boldsymbol{\omega} \times \boldsymbol{i_r})]$$

④ 원점 주위로의 회전좌표계

여기서는 직교좌표계 (x, y, z)의 원점을 공유하고 각속도 ω로 회전하는 별도의 직교좌표계 (ξ, η, ζ)에 대해 살펴본다(그림 3-35). 이때 각각의 단위벡터를 $\boldsymbol{i_0}, \boldsymbol{j_0}, \boldsymbol{k_0}$와 $\boldsymbol{i}, \boldsymbol{j}, \boldsymbol{k}$라고 한다. 또한 단위벡터의 미분인 각속도벡터 ω를 이용해서 다음과 같은 외적으로 나타낼 수 있다.

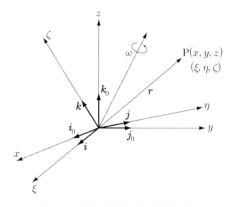

그림 3-35 원점 주위로의 회전좌표계

이때 점 P의 위치벡터 $\boldsymbol{r}$은 다음 식으로 나타낼 수 있다.

$$\boldsymbol{r} = \xi\boldsymbol{i} + \eta\boldsymbol{j} + \zeta\boldsymbol{k}$$

위치벡터 $\boldsymbol{r}$을 시간 t로 미분해서 각속도벡터의 관계식을 대입하면 속도 $\boldsymbol{v}$와 가속도 $\boldsymbol{a}$를 다음과 같이 도출할 수 있다.

$$v = \dot{r} = \dot{\xi}i + \xi\frac{di}{dt} + \dot{\eta}j + \eta\frac{dj}{dt} + \dot{\zeta}k + \zeta\frac{dk}{dt}$$

$$= (\dot{\xi}i + \dot{\eta}j + \dot{\zeta}k) + \omega \times (\xi i + \eta j + \zeta k) = v' + \omega \times r$$

$$a = \dot{v} = \left(\ddot{\xi}i + \ddot{\eta}j + \ddot{\zeta}k + \dot{\xi}\frac{di}{dt} + \dot{\eta}\frac{dj}{dt} + \dot{\zeta}\frac{dk}{dt}\right)$$

$$+ \dot{\omega} \times (\xi i + \eta j + \zeta k) + \omega \times (\dot{\xi}i + \dot{\eta}j + \dot{\zeta}k) + \omega \times \left(\xi\frac{di}{dt} + \eta\frac{dj}{dt} + \zeta\frac{dk}{dt}\right)$$

$$= a' + \dot{\xi}(\omega \times i) + \dot{\eta}(\omega \times j) + \dot{\zeta}(\omega \times k)$$

$$+ \dot{\omega} \times r + \omega \times v' + \omega \times (\xi\omega \times j + \eta\omega \times j + \zeta\omega \times k)$$

$$= a' + \omega \times (\dot{\xi}i + \dot{\eta}j + \dot{\zeta}k) + \dot{\omega} \times r + \omega \times v' + \omega \times (\omega \times (\xi i + \eta j + \zeta k))$$

$$= a' + \omega \times v' + \dot{\omega} \times r + \omega \times v' + \omega \times (\omega \times r)$$

$$= a$$

이와 같이 운동을 기술하는 좌표계에는 다양한 종류가 있다. 로봇의 운동을 기술할 때는 그 운동을 가능한 한 쉽게 기술할 수 있는 좌표계를 선택하는 것이 좋다.

로봇에 관련된 수학

여기까지 읽다보면 로봇을 배우기 위해서는 물리와 수학의 지식이 필요하다는 것을 충분히 이해할 수 있게 되었을 것이다. 수학에서 도중에 막히게 되면 머릿속에서 '아, 알았다.'고 할 때까지는 계속 기분이 개운하지 않지만 그렇다고 해서 너무 당황하거나 서두를 필요는 없다. 우선 고등학교 교과수준까지의 내용을 제대로 이해하도록 노력한 다음 대학의 공학 관련 학과에서 배우는 다음과 같은 내용을 학습하면 된다. 최근에는 혼자서 공부할 수 있는 쉬운 입문서도 많이 나와 있으므로 로봇공학에 도움이 되는 도구로 생각하고 반드시 공부하기 바란다. 아래에 고등학교 수준의 수학에서 대학 수준의 수학으로의 흐름을 정리해 두었다.

- 고등학교 (수학·물리)

  $\downarrow$

- 대학 수준

  미분·적분, 미분방정식, 선형대수, 복소함수, 벡터 해석, 푸리에 해석, 라플라스 변환

고등학교 물리에서는 기본적으로 미분·적분이나 행렬은 다루지 않지만 고등학교 단계까지의 수학에서 이러한 내용을 공부해 둔다면 로봇 운동학을 이해하는 데 많은 도움이 될 것이다. 물론 수학이나 물리 시험을 위한 공부가 아닌 만큼 정해진 시간 안에 급하게 답을 내야 할 필요는 없다. 한 문제 한 문제를 정확히 이해하면서 학습해 나가기 바란다.

3-4 순운동학(Forward Kinematics)과 역운동학(Inverse Kinematics)

(1) 순운동학이란

로봇관절의 각도나 동작으로부터 선단의 위치나 동작을 구하는 것을 순운동학이라고 한다. 좀 더 쉽게 이해할 수 있도록 하기 위해 좌표계를 이용해서 설명하겠다. 로봇관절의 각도가 만드는 관절좌표계를 정의하고 또 로봇의 베이스에 원점을 두는 직교좌표계(기준좌표계)를 정의한다. 2 자유도의 로봇에서 2개의 관절각도를 갖는 경우, 이를 (θ_1, θ_2)라고 하면 로봇의 자세가 결정이 된다. 그러면 관심의 대상이 되는 로봇 선단의 위치도 바로 결정이 된다. 이 선단의 위치를 기준좌표계에서 (x, y)라고 하자. 순운동학의 문제는 관절좌표계의 값이 정해지면 로봇 선단의 위치를 어떻게 구할 것인가 하는 것이다. 즉, 순운동학은 관절좌표계의 값으로부터 직교좌표계의 값을 구하는 공식을 이끌어내는 것이다.

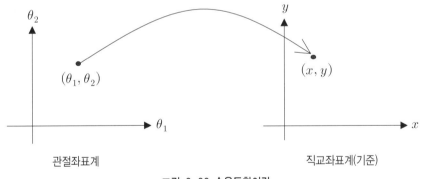

그림 3-36 순운동학이란

(2) 평면좌표계의 순운동학

평면좌표계에서 길이가 l_1, l_2인 2개의 링크가 각각 각도 θ_1, θ_2의 위치에 있을 때, 선단부의 좌표는 기하학적으로 유도해서 다음의 순운동학식으로 간단히 나타낼 수 있다(그림 3-37).

$$x = l_1\cos\theta_1 + l_2\cos(\theta_1 + \theta_2)$$
$$y = l_1\sin\theta_1 + l_2\sin(\theta_1 + \theta_2)$$

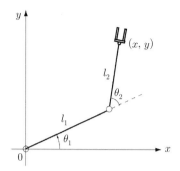

그림 3-37 2자유도 평면운동 매니퓰레이터 (2DOF Planar Manipulator)

또한 위의 순운동학을 회전행렬을 이용해서 도출할 수도 있다. 링크 2개가 모두 x축에 놓여 있다고 가정할 경우 $\theta_1 = 0°$, $\theta_2 = 0°$에 해당한다. 먼저 θ_2를 증가시켜 보자. 그러면 선단의 위치는 다음과 같이 변할 것이다.

$$\begin{bmatrix} x \\ y \end{bmatrix} = \begin{bmatrix} l_1 \\ 0 \end{bmatrix} + \begin{bmatrix} \cos\theta_2 & -\sin\theta_2 \\ \sin\theta_2 & \cos\theta_2 \end{bmatrix} \begin{bmatrix} l_2 \\ 0 \end{bmatrix}$$

이제 θ_1을 증가시켜 보자. 그러면 바로 위의 식에 θ_1에 의한 회전행렬을 곱하면 된다.

$$\begin{bmatrix} x \\ y \end{bmatrix} = \begin{bmatrix} \cos\theta_1 & -\sin\theta_1 \\ \sin\theta_1 & \cos\theta_1 \end{bmatrix} \left\{ \begin{bmatrix} l_1 \\ 0 \end{bmatrix} + \begin{bmatrix} \cos\theta_2 & -\sin\theta_2 \\ \sin\theta_2 & \cos\theta_2 \end{bmatrix} \begin{bmatrix} l_2 \\ 0 \end{bmatrix} \right\}$$

$$= \begin{bmatrix} \cos\theta_1 & -\sin\theta_1 \\ \sin\theta_1 & \cos\theta_1 \end{bmatrix} \begin{bmatrix} l_1 \\ 0 \end{bmatrix} + \begin{bmatrix} \cos\theta_1 & -\sin\theta_1 \\ \sin\theta_1 & \cos\theta_1 \end{bmatrix} \begin{bmatrix} \cos\theta_2 & -\sin\theta_2 \\ \sin\theta_2 & \cos\theta_2 \end{bmatrix} \begin{bmatrix} l_2 \\ 0 \end{bmatrix}$$

$$= \begin{bmatrix} l_1 \cos\theta_1 + l_2 \cos(\theta_1 + \theta_2) \\ l_1 \sin\theta_1 + l_2 \sin(\theta_1 + \theta_2) \end{bmatrix}$$

따라서 앞에서 구한 순운동학식과 동일하게 된다.

$$x = l_1 \cos\theta_1 + l_2 \cos(\theta_1 + \theta_2)$$
$$y = l_1 \sin\theta_1 + l_2 \sin(\theta_1 + \theta_2)$$

여기서 식의 변형에는 가법정리를 이용한다.

$$\cos(\alpha + \beta) = \cos\alpha \cos\beta - \sin\alpha \sin\beta$$

$$\sin(\alpha + \beta) = \sin\alpha \cos\beta + \cos\alpha \sin\beta$$

행렬의 곱은 순서를 바꾸면 성립하지 않는 (AB≠BA)인 경우가 많은데 회전의 경우는 30° 회전 후 60° 회전하는 것과 60° 회전 후 30° 회전하는 것의 답이 동일하다.
이는 가법정리를 이용해서 정리했을 때와 같이 합이 되기 때문이다.

예를 들어 $\theta_1 = 30°$, $\theta_2 = 60°$, $l_1 = 6$, $l_2 = 8$일 때 선단부의 좌표 (x, y)를 구하기 위해 위의 식에 간단히 대입하면 된다.

$$\theta_1 = 30°, \ \theta_2 = 60°$$

$$l_1 = 6, \ l_2 = 8$$

$$
\begin{aligned}
x &= l_1\cos\theta_1 + l_2\cos(\theta_1 + \theta_2) \\
&= 6\cos30° + 8\cos(30° + 60°) \\
&= 6 \times \frac{\sqrt{3}}{2} + 8 \times 0 = 3\sqrt{3} \fallingdotseq 5.2
\end{aligned}
$$

$$
\begin{aligned}
y &= l_1\sin\theta_1 + l_2\sin(\theta_1 + \theta_2) \\
&= 6\sin30° + 8\sin(30° + 60°) \\
&= 6 \times \frac{1}{2} + 8 \times 1 = 11
\end{aligned}
$$

따라서 선단부의 좌표 (x, y)는 (5.2, 11)이 되며 그 자세는 그림 3-38에서와 같다.

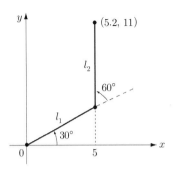

그림 3-38 관절각도에 따른 로봇의 자세와 선단의 위치

이제부터 앞에서 구한 순운동학식을 바탕으로 순간운동학식(또는 순간기구학식)을 유도해 보자. 순운동학식을 시간 t로 미분을 하면 다음과 같이 된다.

$$\frac{dx}{dt} = \frac{d\{l_1\cos\theta_1 + l_2\cos(\theta_1 + \theta_2)\}}{dt},$$

$$\frac{dy}{dt} = \frac{d\{l_1\sin\theta_1 + l_2\sin(\theta_1 + \theta_2)\}}{dt}$$

한편

$$\frac{dx}{dt} = \frac{\partial x}{\partial \theta_1}\frac{d\theta_1}{dt} + \frac{\partial x}{\partial \theta_2}\frac{d\theta_2}{dt}$$

$$\frac{dy}{dt} = \frac{\partial y}{\partial \theta_1}\frac{d\theta_1}{dt} + \frac{\partial y}{\partial \theta_2}\frac{d\theta_2}{dt}$$

의 관계를 가지므로 이를 이용해서 정리하면

$$\dot{x} = \{-l_1\sin\theta_1 - l_2\sin(\theta_1 + \theta_2)\}\dot{\theta}_1 + \{-l_2\sin(\theta_1 + \theta_2)\}\dot{\theta}_2,$$

$$\dot{y} = \{l_1\cos\theta_1 + l_2\cos(\theta_1 + \theta_2)\}\dot{\theta}_1 + \{l_2\cos(\theta_1 + \theta_2)\}\dot{\theta}_2$$

위의 두 식을 행렬식으로 표현하면

$$\begin{bmatrix} \dot{x} \\ \dot{y} \end{bmatrix} = \underbrace{\begin{bmatrix} -l_1\sin\theta_1 - l_2\sin(\theta_1+\theta_2) & -l_2\sin(\theta_1+\theta_2) \\ l_1\cos\theta_1 + l_2\cos(\theta_1+\theta_2) & l_2\cos(\theta_1+\theta_2) \end{bmatrix}}_{\text{자코비안(Jacobian) 행렬}} \begin{bmatrix} \dot{\theta}_1 \\ \dot{\theta}_2 \end{bmatrix}$$

이 공식이 그림 3-37의 2자유도 평면운동 매니퓰레이터의 순간운동학식이 된다. 관절각속도에 자코비안 행렬 J을 곱함으로써 쉽게 선단부의 속도를 구할 수 있는 매우 유용한 식이다.

같은 방법으로 3자유도 평면운동 매니퓰레이터의 운동에 대해서도 검토해 보자(그림 3-39).

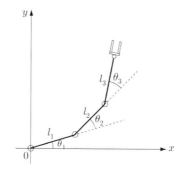

그림 3-39 3자유도 평면운동 매니퓰레이터

길이 l_1, l_2에 더하여 길이 l_3인 링크가 각도 θ_3의 위치에 있을 때 선단부의 좌표는 다음의 식으로 나타낼 수 있다.

$$x = l_1\cos\theta_1 + l_2\cos(\theta_1+\theta_2) + l_3\cos(\theta_1+\theta_2+\theta_3)$$
$$y = l_1\sin\theta_1 + l_2\sin(\theta_1+\theta_2) + l_3\sin(\theta_1+\theta_2+\theta_3)$$

예를 들어 $\theta_1 = 20°$, $\theta_2 = 30°$, $\theta_3 = 40°$, $l_1 = 5$, $l_2 = 4$, $l_3 = 3$일 때 선단부의 좌표 (x, y)를 구하면 다음과 같다.

$$x = 5\cos 20° + 4\cos(20°+30°) + 3\cos(20°+30°+40°)$$
$$= 5 \times 0.940 + 4 \times 0.6430 + 3 \times 0$$
$$= 4.70 + 2.57 = 7.27$$

$$y = 5\sin 20° + 4\sin(20° + 30°) + 3\sin(20° + 30° + 40°)$$
$$= 5 \times 0.342 + 4 \times 0.7661 + 3 \times 1$$
$$= 1.71 + 3.06 + 3 = 7.77$$

따라서 선난부의 좌표 (x, y)는 $(7.27, 7.77)$이 된다.

또한 이것은 회전행렬을 이용해 도출할 수도 있다. l_1, l_2, l_3가 x축 위에 놓여 있고 $\theta_1 = 20°$, $\theta_2 = 30°$, $\theta_3 = 40°$로 회전시킨다고 하면 다음과 같은 행렬식으로 나타낼 수가 있다(그림 3-40).

$$\begin{bmatrix} x \\ y \end{bmatrix} = \begin{bmatrix} \cos\theta_1 & -\sin\theta_1 \\ \sin\theta_1 & \cos\theta_1 \end{bmatrix}\begin{bmatrix} l_1 \\ 0 \end{bmatrix} + \begin{bmatrix} \cos\theta_1 & -\sin\theta_1 \\ \sin\theta_1 & \cos\theta_1 \end{bmatrix}\begin{bmatrix} \cos\theta_2 & -\sin\theta_2 \\ \sin\theta_2 & \cos\theta_2 \end{bmatrix}\begin{bmatrix} l_2 \\ 0 \end{bmatrix}$$
$$+ \begin{bmatrix} \cos\theta_1 & -\sin\theta_1 \\ \sin\theta_1 & \cos\theta_1 \end{bmatrix}\begin{bmatrix} \cos\theta_2 & -\sin\theta_2 \\ \sin\theta_2 & \cos\theta_2 \end{bmatrix}\begin{bmatrix} \cos\theta_3 & -\sin\theta_3 \\ \sin\theta_3 & \cos\theta_3 \end{bmatrix}\begin{bmatrix} l_3 \\ 0 \end{bmatrix}$$
$$= \begin{bmatrix} \cos\theta_1 l_1 \\ \sin\theta_1 l_1 \end{bmatrix} + \begin{bmatrix} \cos(\theta_1 + \theta_2)l_2 \\ \sin(\theta_1 + \theta_2)l_2 \end{bmatrix} + \begin{bmatrix} \cos(\theta_1 + \theta_2 + \theta_3)l_3 \\ \sin(\theta_1 + \theta_2 + \theta_3)l_3 \end{bmatrix}$$
$$= \begin{bmatrix} \cos 20° \times 5 \\ \sin 20° \times 5 \end{bmatrix} + \begin{bmatrix} \cos(20° + 30°) \times 4 \\ \sin(20° + 30°) \times 4 \end{bmatrix}$$
$$+ \begin{bmatrix} \cos(20° + 30° + 40°) \times 3 \\ \sin(20° + 30° + 40°) \times 3 \end{bmatrix}$$
$$= \begin{bmatrix} 0.940 \times 5 \\ 0.342 \times 5 \end{bmatrix} + \begin{bmatrix} 0.643 \times 4 \\ 0.766 \times 4 \end{bmatrix} + \begin{bmatrix} 0 \times 3 \\ 1 \times 3 \end{bmatrix}$$
$$= \begin{bmatrix} 4.07 \\ 1.71 \end{bmatrix} + \begin{bmatrix} 2.57 \\ 3.06 \end{bmatrix} + \begin{bmatrix} 0 \\ 3 \end{bmatrix} = \begin{bmatrix} 7.27 \\ 7.77 \end{bmatrix}$$

이것은 앞의 결과와도 일치한다.

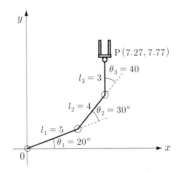

그림 3-40 순운동학식 문제의 예

또한 위치 좌표 $(x,\ y)$의 양변을 θ_1, θ_2, θ_3로 각각 편미분하면 다음 식으로 나타낼 수 있다.

$$\frac{\partial x}{\partial \theta_1} = -l_1\sin\theta_1 - l_2\sin(\theta_1+\theta_2) - l_3\sin(\theta_1+\theta_2+\theta_3)$$

$$\frac{\partial x}{\partial \theta_2} = -l_2\sin(\theta_1+\theta_2) - l_3\sin(\theta_1+\theta_2+\theta_3)$$

$$\frac{\partial x}{\partial \theta_3} = -l_3\sin(\theta_1+\theta_2+\theta_3)$$

$$\frac{\partial y}{\partial \theta_1} = l_1\cos\theta_1 + l_2\cos(\theta_1+\theta_2) + l_3\cos(\theta_1+\theta_2+\theta_3)$$

$$\frac{\partial y}{\partial \theta_2} = l_2\cos(\theta_1+\theta_2) + l_3\cos(\theta_1+\theta_2+\theta_3)$$

$$\frac{\partial y}{\partial \theta_3} = l_3\cos(\theta_1+\theta_2+\theta_3)$$

이들의 관계를 정리해서 자코비안 행렬을 포함하는 순간운동학식을 구하면 다음과 같다.

$$\begin{bmatrix} \dot{x} \\ \dot{y} \end{bmatrix} = \left[\begin{array}{c} -l_1\sin\theta_1 - l_2\sin(\theta_1+\theta_2) - l_3\sin(\theta_1+\theta_2+\theta_3) \\ l_1\cos\theta_1 + l_2\cos(\theta_1+\theta_2) + l_3\cos(\theta_1+\theta_2+\theta_3) \end{array} \right.$$

$$\begin{array}{c} -l_2\sin(\theta_1+\theta_2) - l_3\sin(\theta_1+\theta_2+\theta_3) \\ l_2\cos(\theta_1+\theta_2) + l_3\cos(\theta_1+\theta_2+\theta_3) \end{array}$$

$$\left. \begin{array}{c} -l_3\sin(\theta_1+\theta_2+\theta_3) \\ l_3\cos(\theta_1+\theta_2+\theta_3) \end{array} \right] \begin{bmatrix} \dot{\theta}_1 \\ \dot{\theta}_2 \\ \dot{\theta}_3 \end{bmatrix}$$

여기서는 자코비안 행렬 J가 2×3 행렬이 되는데, 이는 여유자유도를 갖는 매니퓰레이터의 특징이다. 선단의 위치는 2개의 변수이고 매니퓰레이터에서 조정 가능한 변수는 3개이므로 1개 더 여유가 있다. 그 결과 선단의 위치를 변화시킬 수 있는 방법은 관절각도 3개의 조합에 의해 수없이 많이 존재한다.

(3) 역운동학이란

로봇 선단의 위치나 동작으로부터 각 관절의 위치나 각도를 구하는 것을 역운동학이라고 한다(그림 3-41). 일반적으로 역운동학의 해는 수식으로 직접 구하기가 곤란한 경우가 많고 해가 여러 개 존재하기도 한다. 그 때에는 서로 인접한 관절의 배치에 주의하면서 컴퓨터를 활용해서 근사계산을 반복한다.

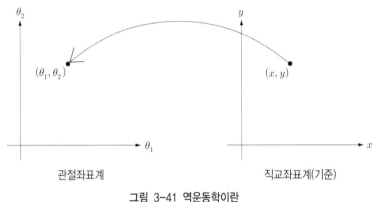

그림 3-41 역운동학이란

(4) 평면좌표계의 역운동학

평면좌표계에서 길이가 l_1, l_2인 2개의 링크가 만드는 선단의 좌표(x, y)가 주어졌을 때 각도 θ_1, θ_2는 각각 몇 도로 하면 되는지를 알아보고자 한다(그림 3-42).

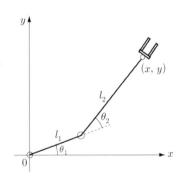

그림 3-42 2자유도 평면운동 매니퓰레이터 (2DOF Planar Manipulator)

역운동학식을 구하기 전에 먼저 순간운동학식과 역순간운동학식에 대해 살펴보자. 속도공간에서의 관계를 이용하면 역운동학 문제를 좀더 쉽게 풀 수 있다. 특히 복잡한 로봇일수록 더 유리하다. 따라서 여기서는 먼저 순간운동학식을 이용해 역운동학을 구하는 방법을 알아보고 이어서 기하학적으로 역운동학을 직접 구하는 방법에 대해 알아보기로 한다.

앞에서 구한 순운동학식은 다음과 같다.

$$x = l_1 \cos \theta_1 + l_2 \cos (\theta_1 + \theta_2)$$
$$y = l_1 \sin \theta_1 + l_2 \sin (\theta_1 + \theta_2)$$

이 순운동학식을 미분하여 순간운동학식을 다음과 같이 구하였다.

$$\begin{bmatrix} \dot{x} \\ \dot{y} \end{bmatrix} = \underbrace{\begin{bmatrix} -l_1 \sin \theta_1 - l_2 \sin (\theta_1 + \theta_2) & -l_2 \sin (\theta_1 + \theta_2) \\ l_1 \cos \theta_1 + l_2 \cos (\theta_1 + \theta_2) & l_2 \cos (\theta_1 + \theta_2) \end{bmatrix}}_{\text{자코비안 행렬}} \begin{bmatrix} \dot{\theta}_1 \\ \dot{\theta}_2 \end{bmatrix}$$

이 순간운동학식의 역순간운동학식을 구해 보자. 순간운동학식이 행렬식으로 표현되기 때문에 이를 구하는 것은 비교적 쉽다. 먼저 역행렬을 이용해서 연립방정식을 푸는 방법을 확인해 두자.

포인트

행렬 $\boldsymbol{A} = \begin{bmatrix} a & b \\ c & d \end{bmatrix}$ 에서

(1) $\det \boldsymbol{A} = ad - bc \neq 0$일 때 다음과 같은 역행렬 $\boldsymbol{B}$가 존재한다.

$$\boldsymbol{B} = \frac{1}{ad - bc} \begin{bmatrix} d & -b \\ -c & a \end{bmatrix}$$

이때 $\boldsymbol{AB} = \boldsymbol{BA} = \boldsymbol{I} = \begin{bmatrix} 1 & 0 \\ 0 & 1 \end{bmatrix}$의 관계가 성립된다.

($\boldsymbol{I}$는 Identity matrix라고 부른다.)

(2) $ad - bc = 0$일 때 역행렬은 존재하지 않는다.

[예]

$$2x - 5y = 9$$
$$3x + 4y = 2$$

행렬을 이용해서 이 연립방정식을 나타내면 다음과 같다.

$$\begin{bmatrix} 2 & -5 \\ 3 & 4 \end{bmatrix} \begin{bmatrix} x \\ y \end{bmatrix} = \begin{bmatrix} 9 \\ 2 \end{bmatrix} \cdots\cdots ①$$

여기서 행렬식은 $2 \times 4 - (-5) \times 3 = 8 + 15 = 23 \neq 0$

따라서 역행렬은 다음과 같은 형태로 존재한다.

$$\frac{1}{23} \begin{bmatrix} 4 & 5 \\ -3 & 2 \end{bmatrix}$$

위 ① 식의 양변 왼쪽에 역행렬을 곱하면 다음과 같이 x, y를 구할 수 있다.

$$\begin{bmatrix} x \\ y \end{bmatrix} = \frac{1}{23} \begin{bmatrix} 4 & 5 \\ -3 & 2 \end{bmatrix} \begin{bmatrix} 9 \\ 2 \end{bmatrix}$$
$$= \frac{1}{23} \begin{bmatrix} 4 \times 9 + 5 \times 2 \\ -3 \times 9 + 2 \times 2 \end{bmatrix} = \frac{1}{23} \begin{bmatrix} 46 \\ -23 \end{bmatrix} = \begin{bmatrix} 2 \\ -1 \end{bmatrix}$$

따라서 $x = 2$, $y = -1$

그렇다면 앞의 문제로 되돌아가서 자코비안 행렬 $\boldsymbol{J}$의 행렬식으로부터 $\det \boldsymbol{J}$를 구하면 다음과 같다. 표기가 복잡해지므로 여기서는 다음과 같이 간략화하기로 한다.

$$S_1 = \sin\theta_1 \qquad S_{12} = \sin(\theta_1 + \theta_2)$$
$$C_1 = \cos\theta_1 \qquad C_{12} = \cos(\theta_1 + \theta_2)$$

$$\det \boldsymbol{J} = \begin{bmatrix} -l_1 S_1 - l_2 S_{12} & -l_2 S_{12} \\ l_1 C_1 + l_2 C_{12} & l_2 C_{12} \end{bmatrix}$$
$$= l_1 l_2 S_1 C_{12} - l_2^2 S_{12} C_{12} + l_1 l_2 C_1 S_{12} + l_2^2 S_{12} C_{12}$$
$$= l_1 l_2 \{ \sin(\theta_1 + \theta_2)\cos\theta_1 - \cos(\theta_1 + \theta_2)\sin\theta_1 \}$$
$$= l_1 l_2 \sin\theta_2$$

따라서 자코비안 행렬의 역행렬 J^{-1}는 다음과 같다.

$$J^{-1} = \frac{1}{l_1 l_2 S_2} \begin{bmatrix} l_2 C_{12} & l_2 S_{12} \\ -l_1 C_1 - l_2 C_{12} & -l_1 S_1 - l_2 S_{12} \end{bmatrix}$$

그러므로 각도 θ_1, θ_2는 다음과 같다.

$$\begin{bmatrix} \dot{\theta_1} \\ \dot{\theta_2} \end{bmatrix} = \frac{1}{l_1 l_2 S_2} \begin{bmatrix} l_2 C_{12} & l_2 S_{12} \\ -l_1 C_1 - l_2 C_{12} & -l_1 S_1 - l_2 S_{12} \end{bmatrix} \begin{bmatrix} \dot{x} \\ \dot{y} \end{bmatrix}$$

이 식이 역순간운동학식이 되는데, 이 식을 간단히 나타내면 다음과 같다.

$$\begin{bmatrix} \dot{\theta_1} \\ \dot{\theta_2} \end{bmatrix} = J^{-1} \begin{bmatrix} \dot{x} \\ \dot{y} \end{bmatrix}$$

이 역순간운동학식을 짧은 시간 Δt 동안 적분을 하게 되면

$$\begin{bmatrix} \Delta \theta_1 \\ \Delta \theta_2 \end{bmatrix} \cong J^{-1} \begin{bmatrix} \Delta x \\ \Delta y \end{bmatrix} = \frac{1}{l_1 l_2 S_2} \begin{bmatrix} l_2 C_{12} & l_2 S_{12} \\ -l_1 C_1 - l_2 C_{12} & -l_1 S_1 - l_2 S_{12} \end{bmatrix} \begin{bmatrix} \Delta x \\ \Delta y \end{bmatrix}$$

의 근사식이 나온다. 이 근사식으로부터 시간 $t + \Delta t$에서의 관절각도는 다음과 같이 구한다.

$$\begin{bmatrix} \theta_1(t + \Delta t) \\ \theta_2(t + \Delta t) \end{bmatrix} \cong \begin{bmatrix} \theta_1(t) \\ \theta_2(t) \end{bmatrix} + J^{-1} \begin{bmatrix} \Delta x \\ \Delta y \end{bmatrix}$$

주어진 선단의 한 점(x, y)에서 근처의 다른 한 점$(x + \Delta x, y + \Delta y)$으로 시간 Δt 동안 이동하고자 할 경우 위의 식으로부터 목표 관절각도를 쉽게 구할 수 있다. 목표 관절각도를 구하는 이유는 로봇의 제어란 결국 관절각도의 제어를 통해서 원하는 선단의 위치를 만들어 내는 것이기 때문이다. 이 방법은 근사치이므로 Δt가 클수록 또 시간이 많이 경과할수록 오차가 증가한다는 것을 염두에 두어야 한다.

또한 이 방법은 특이점에서는 사용하기 어렵다는 단점을 가진다. 특이점은 $\det J = 0$에서 발생하는데, 그 때문에 J^{-1}를 구할 수 없게 된다. 2자유도 평면운동 매니퓰레이터의 경우, 기하학적으로 보면 $\sin\theta_2 = 0$에 해당하는 자세는 $\theta_2 = 0$ 또는 $\pm\pi$인데, 이 경우는 매니퓰레이터의

팔을 완전히 펼칠 때와 완전히 접을 때에 해당된다.

이제부터 3자유도 평면운동 매니퓰레이터의 역운동학을 기하학적으로 구해 보자.

평면좌표계에서 길이가 l_1, l_2, l_3인 3개의 링크가 만드는 선단의 좌표 (x, y)가 주어졌을 때, 각도 θ_1, θ_2, θ_3은 각각 몇 도로 하면 되는지 알아보자(그림 3-43). 그림에서와 같이 θ가 주어졌다고 가정한다.

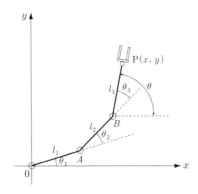

그림 3-43 3자유도 평면운동 매니퓰레이터(3DOF Planar Manipulator)

선단부 P의 좌표를 (x, y)라 하면 두 번째 링크의 선단 B의 좌표 (x_2, y_2)는 다음 식으로 나타낼 수 있다(그림 3-44).

$$x_2 = x - l_3 \cos \theta$$
$$y_2 = y - l_3 \sin \theta$$

여기서 $\theta = \theta_1 + \theta_2 + \theta_3$의 관계가 성립되며, 그림 3-44로부터 ϕ는 다음과 같이 된다.

$$\phi = \tan^{-1}\left(\frac{y_2}{x_2}\right)$$
$$= \tan^{-1}\left(\frac{y - l_3 \sin \theta}{x - l_3 \cos \theta}\right)$$

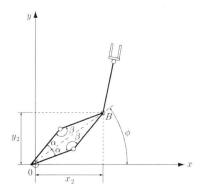

그림 3-44 3자유도 평면운동 매니퓰레이터의 역운동학

또한 △OAB에서 코사인 정리를 이용해 각도 α, β를 구하면 다음 식으로 나타낼 수 있다.

$$\alpha = \cos^{-1}\left[\frac{l_1^2 + d^2 - l_2^2}{2l_1 l_2}\right]$$

$$\beta = \cos^{-1}\left[\frac{l_1^2 + l_2^2 - d^2}{2l_1 l_2}\right]$$

코사인 정리

$$a^2 = b^2 + c^2 - 2bc \cos A$$

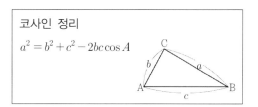

단, $d = \sqrt{x_2^2 + y_2^2}$

따라서 θ_1, θ_2, θ_3은 다음과 같다.

$$\theta_1 = \phi \pm \alpha, \quad \theta_2 = \pm(\beta - \pi), \quad \theta_3 = \theta - \theta_1 - \theta_2$$

이 문제는 여유자유도를 갖는 매니퓰레이터의 문제에 해당한다. 위 식에서 (x, y)가 주어지면 이를 만족할 경우 $(\theta_1, \theta_2, \theta_3)$의 조합이 무한대로 나온다. 먼저 임의의 θ를 결정하면 이로부터 (x_2, y_2)가 결정되고 이에 해당하는 (θ_1, θ_2)의 두 쌍의 조합이 나온다는 것을 알 수 있다.

한편 위의 식으로부터 2자유도 평면운동 매니퓰레이터의 역운동학식을 구할 수 있는데, 이 경우는 $l_3 = 0$에 해당하므로 쉽게 유도할 수 있을 것이다. 이 경우도 항상 두 쌍의 해가 존재하게 되는데, 이와 같이 역운동학의 문제는 해가 여러 개 존재하는 경우가 많다.

수치계산

　로봇의 운동을 비롯하여 물리, 수학, 공학적인 문제를 해결하려면 컴퓨터를 이용하여 수치계산을 해야 한다. 수치계산은 정확하게 딱 떨어지는 값을 구할 수 없는 경우가 허다하기 때문에 오차를 줄여서 근사값을 구하게 된다. 그래서 방대한 단계의 계산에서 정확도를 유지하기 위한 고효율 계산기법에 대한 연구가 하나의 학문 분야로 자리 잡게 된 것이다.

　수치계산 학습에서는 오차의 이해부터 시작해 연립방정식의 해법, 비선형방정식의 해법, 대수방정식의 해법, 다항식에 의해 보간과 근사, 수치적분법, 상미분방정식의 수치해법 등을 배운다. 대표적인 수치계산인 뉴턴법(또는 뉴턴랩슨법)은 방정식을 근사계산을 반복해서 풀어가면서 점차 근사한 값을 구하는 방법이다.

　로봇 개발에 있어서는 수치계산의 대략적인 원리를 이해하여 적절한 방법으로 수치를 처리할 수 있어야 한다.

3-5 동역학

(1) 동역학이란

운동학(또는 기구학)에서는 각 부분에서의 위치(자세), 속도, 가속도 등의 관계를 기하학적으로 취급한다. 그러나 실제로는 각 부분을 움직이기 위해 무언가 힘을 가해야 한다. 또한 같은 힘을 받은 경우라도 그 힘을 받은 부분의 질량에 대응하여 그 움직임이 달라진다. 이처럼 물체에 작용하는 힘이나 질량을 고려한 것, 즉 운동방정식을 다루는 역학을 동역학이라고 한다(그림 3-45).

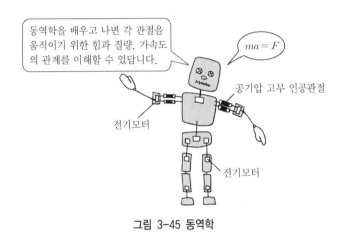

동역학을 배우고 나면 각 관절을 움직이기 위한 힘과 질량, 가속도의 관계를 이해할 수 있답니다.

$ma = F$

공기압 고무 인공관절

전기모터

전기모터

그림 3-45 동역학

동역학에는 각 관절의 토크로부터 선단부의 가속도를 구하는 순운동학과 목표로 하는 선단부의 가속도를 설정하고 그에 필요한 각 관절의 토크를 계산하는 역운동학이 있다.

(2) 운동방정식

운동방정식이란 앞서 설명한 운동의 제 2법칙을 바탕으로 성립된 방정식이다. 이를 $ma = F$로 표시한다는 것도 이미 설명하였으며, 여기서는 이 방정식을 운동량의 변화시점에서 고찰하기로 한다.

운동량 p란 질량 m[kg]과 속도 v[m/s]의 곱으로 표시되는 벡터량으로 주어진다. 이것을 시간 t로 미분하면 다음과 같은 식이 도출된다.

$$\frac{d}{dt}(m\boldsymbol{v}) = \boldsymbol{F}$$

$$\dot{m}\boldsymbol{v} + m\dot{\boldsymbol{v}} = \boldsymbol{F}$$

보통 우리가 다루는 로봇을 포함한 문제에서는 질량 m은 시간에 의해 변화하는 경우가 없기 때문에 $\dot{m} = 0$이므로 $m\dot{\boldsymbol{v}} = \boldsymbol{F}$, $\dot{\boldsymbol{v}} = \boldsymbol{a}$로부터 다음 식이 도출된다.

$$m\boldsymbol{a} = \boldsymbol{F}$$

운동량의 관계식에서 양변의 어떤 점 O 주위의 모멘트를 생각하면 다음 식이 도출된다. 이때 $\boldsymbol{H} = \boldsymbol{r} \times m\boldsymbol{v}$은 각운동량, M은 점 O 주위의 외력에 의한 모멘트, $\boldsymbol{r}$은 움직이는 반지름을 나타낸다.

$$\frac{d}{dt}(\boldsymbol{r} \times m\boldsymbol{v}) = \frac{d}{dt}(\boldsymbol{H}) = \dot{\boldsymbol{r}} \times m\boldsymbol{v} + \boldsymbol{r} \times m\dot{\boldsymbol{v}} = \boldsymbol{v} \times m\boldsymbol{v} + \boldsymbol{r} \times m\boldsymbol{a} = 0 + \boldsymbol{M} = \boldsymbol{M}$$

앞서 설명한 것처럼 운동을 하는 각 부분은 회전운동이나 병진운동을 하고 있는데 평면운동의 경우에는 x 방향, y 방향 각각에 대해 운동방정식을 세울 수가 있다.

$$m\ddot{x} = \mathit{\Sigma}F_x$$

$$m\ddot{y} = \mathit{\Sigma}F_y$$

(특수문자 $\ddot{x}$, $\ddot{y}$)는 각 방향의 가속도이고 $\mathit{\Sigma}$는 F_x, F_y의 합을 나타낸다.

운동학과 마찬가지로 동역학에 있어서도 다루기 쉬운 좌표계를 설정해서 운동방정식을 세운다. 여기서는 평면운동에서의 직교좌표계와 극좌표계에 대해 검토하기로 한다.

① 직교좌표계

질점의 위치좌표를 (x, y), 단위벡터를 $\boldsymbol{i}$, $\boldsymbol{j}$라고 할 때 힘 $\boldsymbol{F}$와 가속도 $\boldsymbol{a}$는 다음 식으로 나타낼 수 있다.

$$\boldsymbol{F}= F_x\boldsymbol{i}+ F_y\boldsymbol{j}$$
$$\boldsymbol{a}= \ddot{x}\boldsymbol{i}+ \ddot{y}\boldsymbol{j}$$

따라서 운동방정식은 다음과 같다.

$$m\ddot{x}= F_x, \;\; m\ddot{y}= F_y$$

② 극좌표계

질점의 위치좌표를 (r, θ), 단위벡터를 $\boldsymbol{i_r}, \boldsymbol{j_r}$ 이라고 할 때 힘 $\boldsymbol{F}$와 가속도 $\boldsymbol{a}$는 다음의 식으로 나타낼 수 있다.

$$\boldsymbol{F}= F_r\boldsymbol{i_r}+ F_\theta\boldsymbol{j_r}$$
$$\boldsymbol{a} =(\ddot{r}- r\dot{\theta}^{\,2})\boldsymbol{i_i}+ (r\ddot{\theta}+ 2\dot{r}\dot{\theta})\boldsymbol{j_r}$$

따라서 운동방정식은 다음과 같다.

$$m(\ddot{r}- r\dot{\theta}^{\,2}) = F_{r,} \;\; m(r\ddot{\theta}+ 2\dot{r}\dot{\theta}) = F_\theta$$

(3) 가상일의 원리

어떤 좌표계에 있는 n개의 질점으로 이루어진 계(系)가 균형상태를 이룰 때 각 질점에 작용하는 힘의 합력을 더하면 0이 된다.

$$\boldsymbol{F}_1 + \boldsymbol{F}_2 + \boldsymbol{F}_2 + \ldots$$
$$\sum_{i}^{n}\boldsymbol{F_i} = 0$$

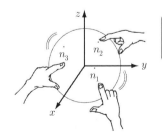

만약 움직였다고 해도 계가 균형
상태를 이루고 있다면 일은 0이
된다.

그림 3-46 가상일의 원리

다음은 이 힘에 변위 δ_{ri}를 곱해서 이때의 일을 생각해 보자. 단, 이 변위는 힘을 변화시키지 않는 무한소의 변위를 가정한다는 뜻에서 가상변위라고 하며 가상변위가 하는 일을 가상일이라고 한다(그림 3-46).

그리고 가상변위가 하는 일을 모두 합한 것이 0이라면 외력은 균형 상태를 이룬다고 하는 관계를 가상일의 원리라고 한다.

$$\delta W = \boldsymbol{F}_1 \delta \boldsymbol{r}_1 + \boldsymbol{F}_2 \delta \boldsymbol{r}_2 + \ldots$$
$$= \sum_i^n \boldsymbol{F}_i \delta \boldsymbol{r}_i = 0$$

이것 자체는 당연한 것으로 생각되겠지만 가상일의 원리는 물체가 복잡하게 조합되어 있을 때 복잡한 문제를 간략화하는 데 도움이 된다. 또한 다음에 설명하는 달랑베르의 원리나 라그랑주의 방정식을 도출하기 위해 정확히 이해해 두어야 한다.

(4) 달랑베르의 원리

r의 위치에 있는 질량 m인 물체에 작용하는 힘 $\boldsymbol{F}$는 운동방정식의 관계에 의해 다음과 같은 식으로 나타낼 수 있다.

$$m_i \ddot{\boldsymbol{r}}_i = \boldsymbol{F}_i$$

이 식을 다음과 같이 변형하면 우변이 0이 되므로 외력 F와 관성력 $-m_i \ddot{\boldsymbol{r}}_i$이 균형상태를 이룬다고 할 수 있다.

이 관계를 달랑베르의 원리라고 한다.

$$\boldsymbol{F}_i - m_i \ddot{\boldsymbol{r}}_i = 0$$

가상일의 원리는 계가 균형상태를 이루는 경우, 즉 정역학에서의 문제였다. 달랑베르의 원리는 정역학에서 이용되는 가상일의 원리가 동역학의 문제에도 응용될 수 있다는 것을 의미한다.

(5) 라그랑주의 방정식

라그랑주의 방정식을 이용한 동역학은 에너지를 기본으로 하기 때문에 직접 뉴턴의 운동법칙을 이용하여 구하는 것보다 쉽게 할 수 있다. 여기서는 복잡한 라그랑주의 운동방정식의 유도과정은 생략하고 사용만 하기로 한다.

N개의 강체로 구성된 기계계의 동역학은 다음의 라그랑주 방정식에 의해 구할 수 있다.

$$\frac{d}{dt}(\frac{\partial L}{\partial \dot{q_i}}) - \frac{\partial L}{\partial q_i} = Q_i \quad (i = 1,...N)$$

$$L = T - U = \text{운동에너지} - \text{위치에너지}$$

여기서 L은 라그랑주안(Lagrangian), T는 운동에너지, U는 위치에너지(퍼텐셜에너지), Q_i는 일반화좌표 q_i에 대응하는 일반화력(Generalized Force)이다. 만일 q_i가 위치가 되는 경우에는 일반화력은 힘(Force)이 되고 각도인 경우에는 일반화력은 토크(모멘트)가 된다.

이 라그랑주 방적식은 뉴턴의 운동방정식과 내용이 같지만 가속도를 직접 방정식에 포함시키지 않는다는 특징이 있다. 이를 이용하면 역학 문제를 간단하게 해결할 수 있다.

(6) 로봇 암의 동역학

이제부터는 앞서 배운 것을 이용해서 평면좌표계에 있어 동역학을 고려한 로봇 암의 운동에 대해 알아보도록 하자(그림 3-47).

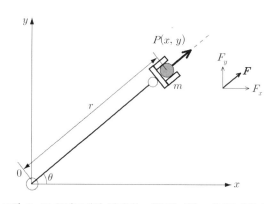

그림 3-47 극좌표계에 해당하는 운동을 하는 매니퓰레이터

로봇 암의 선단부에 질량 m인 물체를 장착했을 때의 r과 θ의 변동에 의한 동역학식을 구해 보도록 하자. 단, 암 자체의 질량은 무시할 수 있는 것으로 간주한다.

선단부의 좌표 $P(x,\ y)$는 $x = r\cos\theta$, $y = r\sin\theta$로 표시되므로 이것을 t로 미분하면 x, y 방향의 속도를 각각 다음과 같이 구할 수 있다.

$$\dot{x} = \dot{r}\cos\theta - r\dot{\theta}\sin\theta$$
$$\dot{y} = \dot{r}\sin\theta + r\dot{\theta}\cos\theta$$

다시 속도를 t로 미분하면 x, y 방향의 가속도를 각각 다음과 같이 구할 수 있다.

$$\ddot{x} = \ddot{r}\cos\theta - 2\dot{r}\dot{\theta}\sin\theta - r\ddot{\theta}\sin\theta - r\dot{\theta}^2\cos\theta$$
$$\ddot{y} = \ddot{r}\sin\theta + 2\dot{r}\dot{\theta}\cos\theta + r\ddot{\theta}\cos\theta - r\dot{\theta}^2\sin\theta$$

암 선단부에 외력 F가 작용한다고 하면 이 힘을 x, y 방향으로 분해해서 운동방정식을 세울 수 있다.

$$m\ddot{x} = F_x, \qquad m\ddot{y} = F_y$$

F_x의 식 양변에 $\cos\theta$, F_y의 식 양변에 $\sin\theta$를 곱하고 가속도의 식을 대입해서 정리하면 암이 신축하는 방향의 운동방정식은 다음의 식으로 나타낼 수 있다.

$$F_x\cos\theta + F_y\sin\theta = m\ddot{x}\cos\theta + m\ddot{y}\sin\theta = m\ddot{r} - mr\dot{\theta}^2$$

라그랑주 방정식을 이용해서 이 문제를 풀어보면 다음과 같이 더 쉽게 풀 수 있다. 먼저 운동 에너지 T는 다음과 같이 구할 수 있다. 여기서 일반화좌표 q는 위치 r에 해당되므로 일반화력 Q는 힘 F가 된다.

$$T = \frac{1}{2}m(\dot{x}^2 + \dot{y}^2)$$
$$= \frac{1}{2}m(\dot{r}^2 + r^2\dot{\theta}^2)$$

여기서는 암의 신축을 염두에 두고 있기 때문에 r 방향에서의 라그랑주 방정식을 세우면 다음 식을 도출할 수 있다.

$$F = \frac{d}{dt}\left(\frac{\partial T}{\partial \dot{r}}\right) - \left(\frac{\partial T}{\partial r}\right) = m\ddot{r} - mr\dot{\theta}^2$$

후자의 계산이 더 쉽게 해답을 도출할 수 있다고 생각되는데 여러분의 의견은 어떠한가?

다음은 암이 회전하는 방향의 운동방정식을 생각해 보자. 회전하는 선단부 주위의 모멘트 M은 다음과 같다.

$$M = -F_x r\sin\theta + F_y r\cos\theta$$
$$= -m\ddot{x}r\sin\theta + m\ddot{y}r\cos\theta$$
$$= mr^2\ddot{\theta} + 2mr\dot{r}\dot{\theta}$$

다시 라그랑주 방정식을 이용해서 이 문제를 생각해 보자. 여기서 일반화좌표 q는 각도 θ에 해당되므로 일반화력 Q는 토크(모멘트) M이 된다. 여기서 x, y 좌표와 운동에너지 T는 다음과 같이 나타낼 수 있다.

$$x = r\cos\theta \quad y = r\sin\theta$$
$$T = \frac{1}{2}m(\dot{r}^2 + r^2\dot{\theta}^2)$$

다음은 θ방향에서의 라그랑주 방정식을 이용해서 이 문제를 생각해 보자.

$$M = \frac{d}{dt}\left(\frac{\partial T}{\partial \dot{\theta}}\right) - \left(\frac{\partial T}{\partial \theta}\right)$$
$$= mr^2\ddot{\theta} + 2mr\dot{r}\dot{\theta}$$

이와 같이 어느 쪽의 방법으로 도출해도 해답은 같다.

다음은 2관절 매니퓰레이터의 경우를 살펴보자(그림 3-48). 2개의 링크를 가는 막대(Slender Bar)라고 가정하고 무게중심은 중앙에 있다고 하자. 매니퓰레이터는 수직면에서 운동을 하고 있기 때문에 중력의 영향을 받고 있다. 링크의 길이가 각각 l_1, l_2, 질량이 각각 m_1, m_2인 이 로봇의 라그랑주의 운동방정식을 구해 보자. 여기서 링크 1, 2의 회전각은 각각 θ_1, θ_2로 한다.

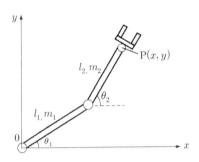

그림 3-48 2관절의 매니퓰레이터

먼저 링크 1, 2의 중심좌표를 구한다.

$$x_1 = \frac{l_1}{2}\cos\theta_1, \quad y_1 = \frac{l_1}{2}\sin\theta_1$$

$$x_2 = l_1\cos\theta_1 + \frac{l_2}{2}\cos\theta_2, \quad y_2 = l_1\sin\theta_1 + \frac{l_2}{2}\sin\theta_2$$

이것을 시간 t로 미분해서 링크 1, 2의 속도를 구한다.

$$\dot{x}_1 = -\frac{l_1}{2}\dot\theta_1\sin\theta_1, \quad \dot{y}_1 = \frac{l_1}{2}\dot\theta_1\cos\theta_1$$

$$\dot{x}_2 = -l_1\dot\theta_1\sin\theta_1 - \frac{l_2}{2}\dot\theta_2\sin\theta_2, \quad \dot{y}_2 = l_1\dot\theta_1\cos\theta_1 + \frac{l_2}{2}\dot\theta_2\cos\theta_2$$

링크 1, 2의 중심 주위의 관성모멘트는 다음과 같이 구한다.

$$I_1 = \frac{m_1 l_1^2}{12}, \qquad I_2 = \frac{m_2 l_2^2}{12}$$

운동에너지 T는 다음과 같이 구한다.

$$T = \frac{1}{2}m_1(\dot{x}_1^2 + \dot{y}_1^2) + \frac{1}{2}m_2(\dot{x}_2^2 + \dot{y}_2^2) + \frac{1}{2}I_1\dot{\theta}_1^2 + \frac{1}{2}I_1\dot{\theta}_2^2$$

$$= \left(\frac{1}{6}m_1 + \frac{1}{2}m_2\right)l_1^2\dot{\theta}_1^2 + \frac{1}{6}m_2l_2^2\dot{\theta}_2^2 + \frac{1}{2}m_2l_1l_2\dot{\theta}_1\dot{\theta}_2\cos(\theta_1 - \theta_2)$$

또한 퍼텐셜에너지 U는 다음과 같이 구한다.

$$U = m_1gy_1 + m_2gy_2 = \left(\frac{1}{2}m_1 + m_2\right)gl_1\sin\theta_1 + \frac{1}{2}m_2gl_2\sin\theta_2$$

여기서 $L = T - U$의 관계를 이용해서 L을 구한 뒤 다음의 공식에 대입하면 운동방정식이 나올 것이다.

$$\frac{d}{dt}\left(\frac{\partial L}{\partial \dot{\theta}_1}\right) - \frac{\partial L}{\partial \theta_1} = \tau_1$$

$$\frac{d}{dt}\left(\frac{\partial L}{\partial \dot{\theta}_2}\right) - \frac{\partial L}{\partial \theta_2} = \tau_2$$

$L = T - U$ 이네요.

이렇게 동역학식을 구할 수 있다. 이 동역학식은 항상 운동학식을 만족해야 하는데, 2자유도 매니퓰레이터의 운동학식(순운동학식과 역운동학식)을 구하면 다음과 같다.

그림 3-49와 같은 2관절 암의 선단좌표 $P(x, y)$는 다음과 같이 나타낼 수 있다.

$$x = l_1\cos\theta_1 + l_2\cos(\theta_1 + \theta_2)$$

$$y = l_1\sin\theta_1 + l_2\sin(\theta_1 + \theta_2)$$

이 관계로부터 θ_1, θ_2를 구하면 다음과 같다.

$$\theta_1 = \tan^{-1}\left(\frac{y}{x}\right) \pm \cos^{-1}\left(\frac{x^2 + y^2 + l_1^2 - l_2^2}{2l_1\sqrt{x^2 + y^2}}\right)$$

$$\theta_2 = \mp\cos^{-1}\left(\frac{x^2 + y^2 - l_1^2 - l_2^2}{2l_1l_2}\right)$$

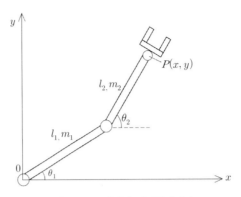

$P(x, y)$

l_2, m_2

θ_2

l_1, m_1

θ_1

그림 3-49 2관절의 매니퓰레이터

● 인간 대 로봇의 축구경기

2002년에 일본 후쿠오카(福岡)에서 개최되었던 로보컵의 2050년도 목표는 국제축구연맹의 공식규칙에 따르면서 인간형 로봇이 월드컵 우승팀과 축구경기를 해서 승리하겠다는 것이다. 앞으로 40여 년 남았지만 그런 일이 가능해질까? 하고 의문을 품는 사람도 많을 것이다. 그러나 지금까지의 기술의 진보를 보면 라이트 형제가 비행기의 첫 비행에 성공한 것이 1903년, 포드가 대량생산방식으로 T형 포드를 발표한 것이 1908년이다. 물론 컴퓨터조차 없었던 시절이었다. 이를 보면 2050년의 로봇은 지금은 상상도 할 수 없을 만큼의 뛰어난 기능을 가지게 될지도 모른다.

1997년 5월에 체스의 세계챔피언이었던 사람이 IBM의 초병렬 컴퓨터에게 지고 만 일이 있었다. 이 사건은 인공지능의 역사에서 매우 중요한 의미를 가진다. 로봇에게 축구를 시키는 것을 체스와 비교하면 다음과 같은 차이가 있음을 알 수 있다.

먼저 체스는 판면에 있는 정보를 가로세로의 위치로 쉽게 기호화할 수 있지만 축구는 시간적·공간적으로 다양한 경우를 취해야 하므로 기호화하기 어렵다는 것을 들 수 있다. 즉, 0과 1의 조합인 2진법으로 나타내기가 쉽지 않다는 것이다. 또한 체스는 판면에 있는 정보 전체를 파악할 수 있지만 로봇은 전체를 다 볼 수가 없다. 그래서 등 뒤에 있는 선수의 움직임을 기호화하는 것도 곤란하다. 여기서 인간이 느끼는 '낌새나 조짐' 같은 것을 로봇이 감지하도록 하는 것이 과연 가능할까? 하는 문제에 부딪히게 된다.

또한 체스는 번갈아가며 말을 움직이는 데 비해 로봇의 움직임은 무수한 전개가 가능하다는 점이나 체스는 한 사람의 머리로 모든 지령을 수행하지만 축구는 11대의 로봇이 개별적으로 상황을 판단해서 순간적으로 다음에 취할 행동을 결정하면서 득점을 한다고 하는 목적 달성을 위한 방식에도 차이가 있다.

그렇다면 여러분은 2050년 월드컵 축구경기에서 로봇과 인간 중 누가 이길 것이라고 생각하는가?

일본의 경우 체스보다는 장기가 경기인구의 수가 더 많다는 점을 감안할 때 과연 인간과 로봇의 장기 대전은 어떻게 치뤄질까? 일본의 장기에서는 상대로부터 뺏은 말을 다시 쓸 수 있다는 규칙이 있기 때문에 체스보다도 말의 조합이 훨씬 더 많다. 그래서 컴퓨터 장기는 인간의 상대가 될 수 없었다. 그러나 1990년대 후반에는 컴퓨터 장기도 상당히 강해졌기 때문에 아마추어 선수권에서 컴퓨터 장기가 활약했던 적도 있었다. 컴퓨터 장기 소프트웨어가 많이 개발됨에 따라 인간이 장기에 익숙해지는 데 도움을 주었다고 할 수 있다. 또한 컴퓨터끼리 장기를 두어 겨루는 세계 컴퓨터 장기 선수권대회도 개최되고 있다.

한편 장기의 프로기사 조직인 장기연맹이 프로기사와 컴퓨터 장기와의 대전을 원칙적으로 금지한 일은 큰 뉴스가 되기도 했다. 그 후 몇 번인가 대전이 이루어지기는 했지만 아직 인간이 진 적은 없었던 것 같다. 단순히 승패의 문제를 떠나서 그 결과를 통해 인간이나 로봇 개발에 있어서 유용한 피드백이 제공될 수 있다면 양쪽 모두의 실력 향상에 크게 도움이 되지 않을까?

그림 3-50 로봇과 인간의 대전

Chapter 4

로봇 제어학

로봇에게 원하는 동작이 결정되었다면 각 관절 등을 적절하게 작동시키는 전기모터나 공기압 실린더 등의 액추에이터에 전기신호를 보내야 한다. 그러한 전기신호를 적절하게 다루어 로봇이 목적대로 움직이도록 만드는 것이 제어이다. 제어에는 시퀀스 제어와 피드백 제어 등 몇 가지 종류가 있으므로 그 중에서 적합한 방법을 선택해서 이용하면 된다.

이 장에서는 이러한 로봇 제어학에 대해 살펴본다.

4-1 로봇의 제어란

로봇의 작동에서 자주 등장하는 용어가 바로 '제어(Control)'이다. 일반적으로 제어라 함은 '기계나 설비 등이 목적대로 작동하도록 조작하는 것'을 의미하며, 공업규격에서는 '어떤 목적에 적합하도록 대상에게 필요한 조작을 가하는 것'으로 제어를 정의하고 있다(그림 4-1). 로봇의 제어 역시 이런 의미로 해석해도 될 것이다.

대부분의 경우 로봇의 움직임은 전기모터나 전자밸브 등의 전기부품에 보내는 전기신호를 ON-OFF하거나 그 크기를 바꿔줌으로써 제어를 한다. 이것을 인간이 수동 스위치를 조작해서 실행하는 것이 수동제어이고 컴퓨터 등을 이용해서 자동적으로 실행하는 것이 자동제어이다. 예를 들어, 중·고등학교 등에서 열리는 로봇경연대회에서는 보통 3~4개의 전기모터를 수동 스위치로 정전·역전시켜 가며 조종하는데, 이것이 바로 수동제어이다. 수동조종의 경우 성능이 엇비슷한 로봇이라도 조종기술에 따라 승패가 결정되기도 한다. 이것이 로봇경연대회의 매력이기도 하지만 만약 스위치가 10개 이상 있다면 한 사람만으로는 적절한 조종이 이루어지기 어렵다.

한편, 레고 마인드스톰(Mindstorms)을 이용하면 비교적 간단하게 로봇의 동작을 프로그램화할 수 있다. 이를 이용한 로봇경연대회에서는 조종자가 스타트 지점에 로봇을 두고 스타트 스위치를 누르기만 하면 된다. 그 다음은 로봇이 프로그램 되어 있는 명령동작을 착실히 수행하게된다(그림 4-2). 이런 경기에서는 조종의 재미를 맛볼 수는 없지만 프로그램을 작성한 사람은

그림 4-1 제어의 정의

로봇이 자신의 프로그램대로 충실히 움직여주기를 바라며 두근거리는 마음으로 지켜보고 있을 것이다.

그림 4-2 수동제어와 자동제어

우리 주위에서 예를 들자면 자전거의 경우 인간이 도로의 상태나 신호를 보면서 주변 상황을 판단해서 가고자 하는 방향으로 핸들을 움직이고 원하는 속도로 페달을 돌리면서 조종을 한다. 멈추고 싶을 때 브레이크를 잡는 것도 인간의 판단에 따른다. 즉, 자전거의 조종은 수동조종이다.

다음은 항공기 조종에서의 제어에 대해 생각해 보자. 1903년 라이트 형제가 첫 비행에 성공했을 때 파일럿은 엎드려서 승강키와 방향키를 수동조종하였다. 즉, 파일럿이 엔진의 상태나 진행방향 같은 주변상황을 모두 판단해 가면서 이·착륙을 하고 적절한 속도와 고도로 비행을 했다는 것이다. 그 후로도 오랫동안 비행기는 파일럿 한 사람의 상황판단에 의해 조종되었다.

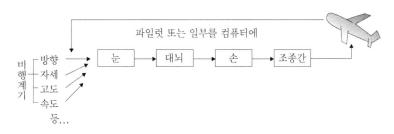

그림 4-3 항공기의 제어

그러나 현재 여객기의 조종은 대부분이 자동조종이다(그림 4-3). 이는 항공기의 대형화와 고속비행으로 인해 여러 가지 고도의 상황판단을 해야 하는 경우가 늘어나면서 한 사람의 판단만으로는 조종이 불가능해졌기 때문이다. 또한 인간의 판단이 항상 정확한 것만은 아니라서 때로는 그릇된 판단을 내리기도 한다. 그래서 고성능 계측기를 탑재하여 컴퓨터에게 판단하도록 하는 자동제어를 하게 된 것이다.

그러나 자동제어라고 해서 모든 문제가 해결되는 것은 아닌 만큼, 실제로는 자동조종되는 항공기에서도 사고는 일어난다. 비교적 안전한 자동제어가 자동차에 채택되지 못하는 이유는 자동차 자체의 문제 외에도 복잡한 교통 시스템과 관련이 있다. 자동제어로 바꾸는 일이란 결코 쉽지 않다는 것을 충분히 납득할 수 있을 것이다.

로봇에게 보다 고도의 동작을 요구하는 경우는 대부분이 자동제어이다. 그러나 인간의 동작 모두를 로봇의 동작으로 바꾸는 일은 아직 불가능하다. 그래서 이를 위한 제어기술은 나날이 발전을 거듭하고 있는 것이다. 다음에 설명하는 자동제어의 종류에 대해 이해하면서 제어에 대한 앞으로의 학습 계획을 세워보도록 하자.

4-2 제어의 종류

(1) 시퀀스 제어

시퀀스 제어란 미리 정해진 순서에 따라 제어의 각 단계를 순차적으로 진행해 가는 제어를 말한다. 여기서 시퀀스(Sequence)라는 용어에는 연속이나 순서의 의미가 내포되어 있다(그림 4-4).

예를 들어, 신호기는 파랑 → 노랑 → 빨강 → 파랑 … 과 같이 미리 정해진 순서에 따라 점등하므로 시퀀스 제어에 해당한다. 또한 자동판매기도 '돈을 넣는다 → 원하는 버튼을 누른다 → 원하는 상품(주스나 승차권 등)이 나온다'라고 하는 일정한 동작을 수행하기 때문에 시퀀스 제어로 작동되고 있다고 할 수 있다.

이를 로봇의 제어에서 찾아본다면 미리 정해진 동작대로 두 다리를 움직여 가는 이족보행 로봇이나 미리 정해진 음표대로 건반을 누르는 자동악기연주 로봇 등 여러 가지 예를 들 수 있다. 이처럼 시퀀스 제어는 미리 정해진 것을 충실히 수행하는 것이므로 다음에 소개하는 피드백 제어에서처럼 도중에 무언가 이상이 발생해도 스스로 그것을 수정하는 것은 불가능하다.

그림 4-4 시퀀스 제어

(2) 피드백 제어

피드백 제어란 피드백(Feedback)에 의해 제어량을 목표값과 비교해서 그것을 일치시키도록 조작량을 생성하는 제어를 말한다(그림 4-5). 제어량을 알기 위해서는 각종 센서가 이용되는데,

예를 들어 에어컨으로 실온을 조절하는 경우를 살펴보자. 기온이 32℃일 때 실온을 26℃로 낮추고 싶다면 단순히 온도를 낮추라는 명령만으로는 26℃가 될 수 없다. 온도 센서로 온도를 감지하면서 만약 26℃보다도 낮아졌다면 이번에는 온도를 높이라는 명령을 내려야 한다. 이와 같이 출력의 일부를 센싱해서 입력 쪽에서 판단하도록 되돌려주는 것이 피드백이다.

이를 로봇의 제어에서 찾아본다면 가속도 센서나 자이로 센서를 탑재한 이족보행 로봇이 넘어질 것 같은 상황에서 스스로의 자세를 감지해서 넘어짐을 막는 경우를 예로 들 수 있다. 마치 일방통행 같은 시퀀스 제어에 비한다면 피드백 제어는 영리하게 느껴지지만 그만큼 제어 시스템이 복잡하고 다루기 어려운 경우가 많다. 일단 한번 움직이면 점검이나 보수가 수월하고 단순한 동작을 확실하게 실행하기를 원하는 경우에는 시퀀스 제어가 적합하다. 실제로 공장설비의 자동화 라인에서는 시퀀스 제어가 많이 이용되고 있다.

그래서 어느 쪽이 기술면에서 우수한지 알기 위한 비교뿐만 아니라 대상 작업과 시스템에 어느 쪽의 제어가 적합한지 알아보기 위한 판단 역시 중요하다.

피드백 제어를 제어 목적의 차이에 따라 나누면 제어량을 일정하게 유지하기 위한 정치 제어와 시시각각 변화하는 제어량의 변화를 추종하기 위한 추치 제어로 분류할 수 있다.

그림 4-5 피드백 제어

① 서보 제어

서보기구는 물체의 위치나 각도를 제어량(제어 목표값이 되는 물리적 양)으로 하는 제어 시스템이다. 로봇의 자세 제어는 물론 공작기계나 항공기 등 일반적으로 신속한 반응이 요구되는 곳의 제어에 이용된다(그림 4-6). 서보 제어가 다른 제어와 다른 것은 어떤 순간에서도 목표값과 현재값을 비교하여 그 차이를 수정하려는 노력을 한다는 것이다. 한순간도 놓치는 일 없이 열심히 제어한다. 참고로 서보(Servo)는 라틴어로 노예를 의미하는 Servus가 어원인 것으로 알려져 있다.

흔히 서보모터라는 말을 사용하는데 이것은 올바른 표현이 아니다. 그 모터를 서보 제어하는 것이지 그 모터가 서보모터인 것은 아니다. 모터 자체가 서보기능을 갖고 있는 모터는 없으므로 서보모터라는 표현은 올바른 표현이 아니다. 고압의 공기나 기름을 사용하는 공기압 서보 시스템과 유압 서보 시스템 등도 있다.

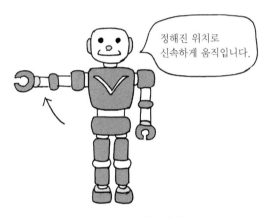

그림 4-6 서보 제어

② 프로세스 제어

프로세스 제어란 압력이나 유량, 액면, 온도 등을 제어량으로 하는 제어 시스템이며, 석유나 제철을 비롯한 화학 플랜트 등의 제어에 자주 사용된다. 화학반응 등도 포함되므로 서보기구와 비교하면 제어가 시간적으로 여유 있게 진행되는 경우가 많다.

4-3 시퀀스 제어

(1) 시퀀스 제어란

시퀀스 제어란 미리 정해진 순서에 따라 제어의 각 단계를 진행해 가는 제어를 말한다. 만약 로봇을 자동제어하려고 하면 제작자는 로봇에게 어떤 동작을 할 것인지에 대한 지령을 전달해야 하는데, 이런 경우 대부분은 전기신호에 의해 전달하게 된다. 가장 단순하게 생각한다면 제어기기가 수행해야 하는 역할이란 무언가 신호를 입력하면 내부에서 이 신호를 처리해서 적절한 형태의 신호를 출력하는 것이라 할 수 있다(그림 4-7). 이 입력신호에는 수동 스위치부터 각종 센서에 이르기까지 다양한 종류가 있다. 또한 출력신호도 램프의 점등이나 모터의 회전 등 여러 종류가 있다. 먼저 이 흐름을 이해해 두어야 한다.

자동판매기를 예로 들어 생각해 보자. 처음에 정해진 가격의 돈을 넣고 구입하고자 하는 상품의 버튼을 눌러서 신호를 보낸다.

그림 4-7 시퀀스 제어의 구성

그림 4-8 자동판매기

이 입력신호에 따라 자동판매기의 내부에서는 적절한 상품을 출력하고 동시에 돈을 계산해서 필요한 경우 잔돈을 출력하게 된다(그림 4-8). 이때 자동판매기 내부에 있는 컴퓨터가 수행하는 일은 상태를 검지해서 조건이 만족되었을 때 동작을 수행하는 조건 제어라는 제어방식이다.

자동판매기는 가능한 한 빨리 출력하는 것이 좋기 때문에 시간에 관한 제어는 그다지 필요가 없지만 경우에 따라서는 시간 제어가 요구되기도 한다. 전기밥솥이나 세탁기를 예로 들어 보자. 이러한 것들의 동작은 순간적으로 진행한다고 되는 것이 아니다. 전기밥솥의 경우 그 때의 쌀의 양이나 물의 양에 따라 밥을 짓는 시간을 결정하게 된다. 이 가열시간과 가열온도의 관계는 컴퓨터에 의해 치밀하게 제어된다(그림 4-9).

시작 스위치
(타이머 기능도 있음)

취사 메뉴
(백미, 무세미, 현미 등)

밥솥 내부의 온도나 쌀의 양을 센서로 감지해서 가장 적당한 온도를 제어하고 있습니다.

전기밥솥

컨트롤러

그림 4-9 전기밥솥

전기세탁기도 마찬가지로 생각할 수 있다(그림 4-10). 입력신호에 해당하는 것은 먼저 세탁기 속에 들어 있는 세탁물의 무게인데, 이에 대응하여 세제의 분량이나 세탁·탈수시간이 결정된다. 건조기 겸용이라면 건조시간도 자동적으로 정해지며 전자동으로 세탁이 완료된다.

시작 스위치

시작 스위치를 누르기만 하면 급수, 세탁, 헹굼, 탈수까지 전자동으로 실행합니다.

제어 마이크로컨트롤러, 온도 센서 제어, 자동 진동 제어 등

그림 4-10 전기세탁기

다음은 엘리베이터를 예로 들어 보겠다(그림 4-11). 엘리베이터를 작동시키려면 먼저 누름 버튼으로 아래나 위, 가고자 하는 방향과 층수를 입력해야 한다. 이 신호에 대응해서 엘리베이터가 움직이게 되는데 엘리베이터 내부의 컴퓨터에서는 몇 층과 몇 층에 정지할 것인지에 대한 조건을 제어하고 있다. 이것을 조건 제어라고 하며 여러 대가 함께 움직이는 엘리베이터의 경우는 각각 다른 엘리베이터의 움직임까지 조건 제어함으로써 한 번에 같은 층에 엘리베이터가 집중해서 정지하지 않도록 고안되어 있다.

그림 4-11 엘리베이터

한편 시퀀스(Sequence)라는 단어에는 연속이나 순서 등의 의미가 내포되어 있다. 앞서 말한 '미리 정해진 순서에 따라'라는 말이 바로 여기서 나온 말이다. 달리 표현하면 '미리 정해져 있지 않은 것은 할 수 없다'는 뜻이 되는데, 이것은 도중에 무언가 이상이 발생해도 어찌할 도리가 없다는 뜻이다. 이 점이 피드백 제어와 다른 점이지만 우리 주변에는 가전제품을 비롯해서 시퀀스 제어로 작동되고 있는 것이 매우 많다.

물론 시퀀스 제어로 움직이는 로봇도 그 수가 적지 않다. 곰곰이 생각해 보면 전기밥솥은 밥 짓기 로봇, 전기세탁기는 세탁 로봇, 전기청소기는 청소 로봇이라고 할 수 있다. 로봇이라고 하는 용어의 정의 자체가 지금까지 명확하지 않은 것도 원인이겠지만 로봇이라는 말이 친숙하게 사용되기 전에 이미 자리 잡은 호칭들은 바꾸기가 쉽지 않다.

두 발로 걷는 휴머노이드 로봇에게 더 친근감을 느낄지 모르겠지만 현재로서는 휴머노이드 로봇보다는 가전제품 쪽이 우리 생활에 더 도움이 된다는 사실에는 틀림이 없다.

달리 말해 우리 생활에서 도움이 되는 가전제품이나 승용물 외에 지금부터 로봇이 해주었으면 하는 일이란 과연 무엇일까? 물론 로봇의 목적이 반드시 인간에게 도움을 주는 것만은 아니겠지만 '로봇에게 이런 일을 시키고 싶다'고 하는 구체적인 예를 들 수 있는 사람이라면 적극적으로 제어에 대해 학습할 수 있을 것이다. 다음은 시퀀스 제어의 실제적인 내용에 대해 알아보도록 하자.

> 제게 어떤 일을 시킬 것인지 구체적으로 정해 주시겠습니까?

(2) 논리회로

시퀀스 제어의 기본은 논리연산을 하는 논리회로이다. 이는 전기가 흐르고 있으면 ON, 흐르고 있지 않으면 OFF로 한다는 것인데, 보통 2진법으로 디지털 신호를 취급하는 회로를 말한다. 기본 사항은 그다지 어렵지 않으므로 머릿속에서 전기의 ON과 OFF를 바꿔가면서 하나씩 이해해 가도록 한다.

① AND 회로

AND 회로는 직렬로 접속된 2개의 입력접점을 갖는 논리소자로, 시퀀스 제어의 흐름을 나타내는 시퀀스도에서는 그림 4-12와 같이 표시된다. 시퀀스도는 일반적인 전기회로처럼 배선이 닫힌 표기를 하지 않기 때문에 어디에 전기가 흐르고 있는지 얼핏 보아서는 잘 알 수가 없지만 왼쪽의 세로막대에서 오른쪽 세로막대까지 전기를 보내기 위해 중앙부의 세로막대에 표시된 논리회로가 어떻게 되어 있는지를 생각해 가면서 읽어가도록 한다.

이 회로에서는 a접점을 이용하고 있는데 입력인 X001과 X002 모두 ON이 되었을 때 출력인 Y001이 ON이 된다.

입력을 나타내는 접점에는 두 종류가 있다. 스위치를 ON하였을 때 전기가 ON, 스위치를

OFF하였을 때 전기가 OFF가 되는 것이 a접점이다. 이와 달리 스위치를 ON하였을 때 전기가 OFF, 스위치를 OFF하였을 때 전기가 ON이 되는 것이 b접점이다(그림 4-13).

그림 4-12 AND 회로

그림 4-13 a접점과 b접점

② OR 회로

OR 회로는 병렬로 접속된 2개의 입력접점을 갖는 논리소자로, 시퀀스 제어의 흐름을 나타내는 시퀀스도에서는 그림 4-14와 같이 표시된다.

이 회로에서는 a접점을 이용하고 있으며, 입력인 X001과 X002 중 어느 한쪽이 ON이 되었을 때 출력인 Y001이 ON이 된다.

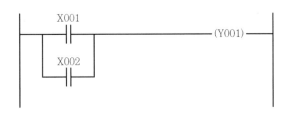

그림 4-14 OR 회로

③ NOT 회로

NOT 회로는 b접점을 이용한 회로로, 입력이 ON이면 출력을 OFF, 입력이 OFF이면 출력을 ON으로 한다. 즉, NOT 회로는 입력을 반전하는 기능이 있다고 할 수 있다(그림 4-15).

그림 4-15 NOT 회로

(3) 자기유지회로

이번에는 이러한 회로들을 조합해서 시퀀스 제어에서 중요한 기능을 하는 자기유지회로에 대해 살펴본다. 자기유지회로란 접점의 개폐를 위해 릴레이를 사용함으로써 전기의 개폐를 유지할 수 있는 회로를 말한다. 여기서는 그림 4-16의 회로를 자기유지회로의 예로 들어 설명한다. 여기서 M001로 표시된 M이란 프로그램 안에서 가상적으로 사용되는 릴레이로, 보조 릴레이라고 한다.

X001을 ON하고 X002를 OFF하면, M001이 ON이 된다. 그러면 X001이 OFF되어도 M001은 계속 ON 상태를 유지한다. 따라서 Y001은 ON 상태, Y002는 OFF 상태를 유지한다. 이것이 자기유지의 기능이다. 다음은 X002를 ON하면 릴레이의 코일로 가는 전류가 차단(M001 OFF)되므로 a접점이 차단되어 Y001은 OFF, Y002는 ON이 된다.

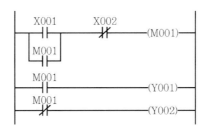

그림 4-16 자기유지회로

이 예를 통해 b접점의 기능도 이해가 되었을 것이다. 자주 사용되는 구체적인 예로는 공작기계 등의 긴급정지 버튼을 들 수 있다.

다음은 자기유지회로의 응용 예로서 인터록회로를 살펴본다. 이것은 우선도가 높은 회로가 일단 ON하면 다른 회로를 작동시킬 수 없는 회로이다. 여기서는 그림 4-17의 회로를 인터록회로의 예로 들어본다.

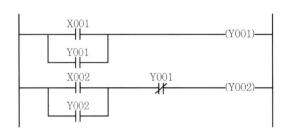

그림 4-17 인터록회로

X001이 ON이 되면 Y001도 ON이 된다. 이때 Y001의 b접점도 ON이 되며 통전이 차단되기 때문에 다음에 X002가 ON이 되어도 Y002는 ON이 되지 않는다. 한편 반대로 X002가 ON하고(Y001은 OFF 상태임) Y002가 ON한 다음 X011이 ON하면 Y001의 b접점도 ON이 되어 Y002가 OFF가 된다. 즉, 이 회로에서는 X001의 스위치에 우선순위가 있다고 할 수 있다.

또한 Y001에 앞서 Y002의 b접점을 삽입하면 X001과 X002 중 먼저 ON하는 쪽을 우선으로 하는 회로가 된다. 이것을 병렬우선회로라고 한다(그림 4-18).

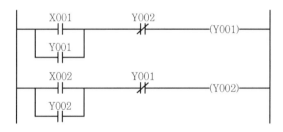

그림 4-18 병렬우선회로

(4) 타이머

이번에는 각각의 동작을 시간제어로 실행하기 위해 타이머를 이용한 회로를 생각해 보자. 타이머의 동작을 시퀀스도에 나타내기 위해서는 가로축에 시간, 세로축에 각 출력이 어떤 동작을 하는지를 그림으로 표시한 타임차트를 이용한다.

예를 들어 X001을 입력하면 동시에 Y001이 출력되고 5초 후에 Y002가 출력되는 타임차트는 그림 4-19와 같이 그릴 수 있는데, 이를 바탕으로 시퀀스도를 그릴 수 있다.

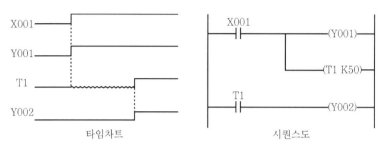

그림 4-19 타이머를 이용한 회로

여기서 타이머는 기호 T로 표시하며 T 다음의 숫자는 타이머 번호이고 그 다음의 K50은 5초 후에 타이머가 작동한다는 것을 뜻한다. 즉, 여기서 K1=0.1초이다.

타이머를 여러 개 조합하면 몇 가지 출력장치를 순서대로 작동시킬 수가 있다. 그러나 여기서 설명한 방법으로는 한번 작동시킨 출력장치를 정지시키는 것은 아직 불가능하다. 신호기는 파랑, 노랑, 빨강의 램프가 순서대로 켜지는 시퀀스 제어의 대표적인 예로, 동시에 2개 이상의 램프가 켜지는 경우는 없다.

다음 몇 가지 문제를 풀어보며 연습하기로 하자.

연습 1

X001을 입력하면 동시에 Y001이 출력되고 5초 후에 Y002가 출력된다. 이때 동시에 Y001이 정지하는 타임차트와 시퀀스도를 작성하라. 힌트는 b접점을 효과적으로 이용하는 것이다.

[해답]

그림 4-20과 같이 b접점을 삽입해서 회로를 작성하면 Y002가 출력되었을 때 Y001이 정지한다는 것을 알 수 있다.

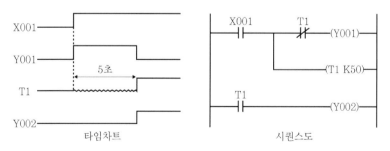

그림 4-20 타이머를 이용한 회로

연습 2

플리커 점멸회로

   X001을 입력하면 2초 후에 Y001이 2초간 ON하고 다음 2초간은 OFF, 그 다음 2초간은 ON하는 식으로 점멸을 반복하는 플리커 점멸회로를 작성하라.

[해답]

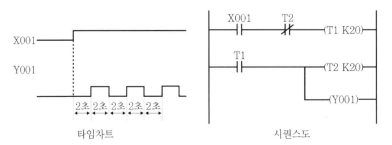

타임차트   시퀀스도

그림 4-21 플리커 점멸회로

(5) PLC (Programmable Logic Controller)

PLC란 시퀀스 제어를 실행하기 위해 컴퓨터를 이용한 전용 제어장치를 말한다.

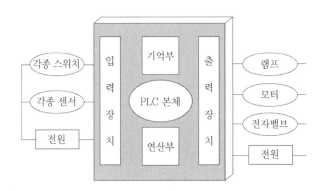

그림 4-22 PLC의 구성

그림 4-23 PLC의 본체

　PLC에는 입력장치와 출력장치를 접속하는 부분이 있으며 내부에는 논리연산부 또는 기억부가 있다. 구체적으로는 많은 수의 릴레이나 타이머 등이 들어 있다. 앞서 설명한 릴레이나 타이머는 형태가 있는 부품도 있지만 PLC 내부에서 가상적으로 소프트웨어를 이용해 만들어낼 수 있다. 취급 가능한 릴레이나 타이머는 소형인 것만 해도 수백 개 정도이므로 소프트웨어로 처리하면 제어장치의 공간절약은 물론 하나하나 납땜하며 회로를 만드는 노력을 아낄 수가 있다. 다만 입력장치와 출력장치의 앞부분에는 스위치나 모터, 전원장치 등 각각에 필요한 부품을 장착해서 회로를 작성해야 한다(그림 4-23).

　입력장치에는 각종 스위치나 센서 등을 설치한다. 입력장치의 배선은 스위치 등 각각의 부품에서 나온 +와 − 둘 중에서 하나는 공통단자의 COM, 다른 하나는 대응하는 X001 같은 번호의 지점에 접속한다(그림 4-24).

그림 4-24 입력장치의 접속

출력장치의 배선에서는 전기모터나 전자밸브 등의 전기부품에서 나온 +와 −의 2가지를 접속하는데 입력장치와 다른 점이 있기 때문에 주의해야 한다. 그 다른 점이란 접속하는 전기부품을 움직이기 위해 필요한 전기를 공급해야 한다는 것이다(그림 4-25). 즉, 12V의 전압으로 작동하는 전기모터를 움직이려면 12V의 전압을 공급해야 한다. 그만큼 배선이 복잡해지기 때문에 하나씩 확인해 가면서 꼼꼼히 접속해야 한다.

그림 4-25 출력장치의 접속

이 입·출력장치의 관계는 다른 장치에도 적용된다. 그림 4-26은 로봇경연대회 등에도 참여하는 레고 마인드스톰(Mindstorms)이다. 중앙의 사각형 부분이 컴퓨터 본체이며 입력장치와 출력장치가 각각 3개씩 있다. 불과 3개씩밖에 되지 않는 입·출력장치라도 예를 들어 입력장치에 한 개의 광센서와 2개의 접촉센서, 출력장치에 2개의 전기모터를 장착하여 필요한 프로그램을 작성하면 로봇으로 하여금 다양하고 복잡한 동작을 하게 할 수가 있다.

그림 4-26 레고 마인드스톰(Mindstorms)

PLC를 이용해서 시퀀스 제어를 하는 경우 예전에는 타임차트를 손으로 작성하고 나중에 이것을 언어화해서 컴퓨터에 프로그램 명령을 입력하였는데, 최근에는 컴퓨터 화면 위에 타임차트를 그릴 수 있는 소프트웨어가 개발되어 (특수문자 $\underset{X001}{\dashv\vdash}$)나 (Y001) 등을 간단히 입력하면 내부에서 프로그램이 자동적으로 작성된다.

레고의 프로그램도 명령이 그려져 있는 블록을 조합하면 쉽게 프로그램을 작성할 수 있도록 되어 있어서 PLC와 유사하다고 할 수 있다.

4-4 공기압 시스템의 제어

(1) 시퀀스 제어의 적용 분야

시퀀스 제어는 주로 현장에서 실제적으로 이용되는 것이라서 학문의 대상으로 인식되는 경우는 많지 않다. 이는 피드백 제어가 대학 등의 연구기관에서 활발하게 다루어지고 있는 것과 크게 다른 점이다.

그러나 시퀀스 제어는 공기압기기나 전기모터 등에 사용되어 고속화와 배선 절약화를 실현하고 있으며 공장 생산라인의 대부분이 시퀀스 제어를 사용하고 있다고 해도 지나치지 않을 것이다. 그 때문에 로봇 제어에 있어서도 시퀀스 제어는 많은 부분에 사용되고 있다. 여기서는 공장과 같은 현장에서 사용되는 공기압 시스템에 대해 살펴보면서 로봇에 대한 응용의 가능성을 찾아보기로 하자(그림 4-27).

그림 4-27 시퀀스 제어의 적용 분야

(2) 공기압 시스템의 구성

공기압 시스템의 액추에이터로 대표적인 것이 공기압 실린더이다. 이것의 작동을 위해 공기압축기나 공기압조정 유닛, 전자밸브, 시퀀서 등 다양한 기기가 공기압 시스템을 구성하고 있다. 이들 각 기기에 대해 알아보도록 하자(그림 4-28).

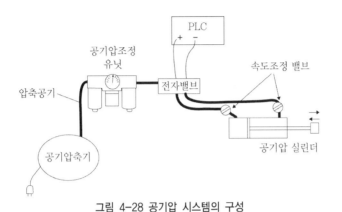

그림 4-28 공기압 시스템의 구성

① 공기압축기

공기압축기(에어컴프레서)는 대기중의 공기를 흡수해서 압축공기를 만들어 내는 장치이다. 여기서 만들어지는 공기압은 최고압력이 1.0Mpa 정도이지만 실제로는 감압밸브에 의해 사용하기 적합한 압력으로 감압시킨 후에 이용한다.

공기압축기를 선정할 때는 사용압력과 탱크에 저장할 수 있는 용량을 고려해야 한다. 공기압축기는 공기를 압축할 때 큰 소음이 발생하기 때문에 이를 막기 위해 탱크의 용량이 큰 것을 사용하거나 공기압을 보내는 튜브를 길게 해서 공기압축기를 거리가 떨어진 장소에 두어야 한다(그림 4-29).

그림 4-29 공기압축기

② 공기압조정 유닛

공기압축기에서 만들어 내는 압축공기는 공기압 실린더로 가기 전에 공기압조정 유닛으로 보내진다(그림 4-30). 공기압조정 유닛은 기능에 따라 크게 세 가지로 구성된다. 대기중의 공기를 흡수할 때 먼지나 티끌 따위를 걸러내기 위한 필터, 압축공기에 소량의 윤활유를 가해서 매끄럽게 작동시키기 위한 루브리케이터(Lubricator), 공기압축기로부터 보내진 압축공기를 적절한 압력으로 낮추기 위한 감압밸브(레귤레이터)이다. 이들을 총칭해서 FRL 유닛 또는 3점 세트라고 부르는 경우도 많다. 최근에는 루브리케이터를 사용하지 않고 필터와 레귤레이터로 구성된 것도 상품화되었다.

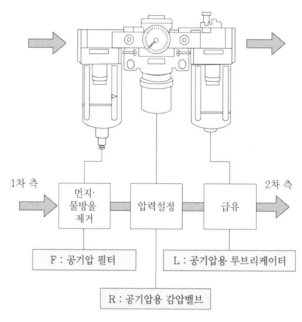

그림 4-30 공기압조정 유닛

③ 전자밸브

전자밸브란 공기압 시스템에서 공기가 흐르는 방향을 바꾸는 것으로, 내부에 있는 솔레노이드의 작용으로 밸브를 개폐한다. 일반적으로 밸브의 개폐는 고속응답이 가능한 ON-OFF 제어가 이용되며 포트 수(2-5포트)나 포트 크기, 조작방식의 차이에 따라 수많은 종류가 있다. 공기압 실린더에 사용되는 전자밸브의 대부분은 4포트 밸브나 5포트 밸브이며 적합한 포트에 튜브를 접속해서 그 내부로 압축공기를 보내어 사용한다.

④ 공기압 실린더

공기압 실린더(에어실링)는 압축공기를 넣거나 빼서 실린더가 왕복운동을 하도록 함으로써 물체를 누르거나 쥐거나 하는 데 이용하는 기기이다. 산업용 로봇이나 식품기계, 가전제품의 조립장치 등 다양한 자동화설비에 이용되고 있다. 실린더의 지름은 4mm부터 300mm 정도까지인데 왕복운동을 하는 길이인 스트로크에도 다양한 것이 있다. 일반적인 공기압 실린더의 동작은 기본적으로 전자밸브의 ON-OFF 제어로 이루어지기 때문에 스트로크 도중에 정지시켜서 사용할 수는 없다(그림 4-31).

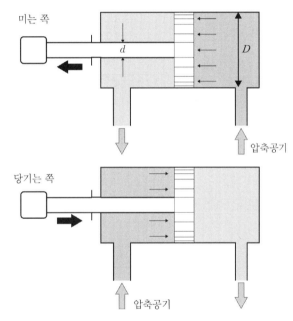

그림 4-31 공기압 실린더의 구조

공기압 실린더로부터 얻을 수 있는 힘[N]은 실린더 안지름 D[mm], 로드 지름 d[mm], 공기압 P[MPa], 부하율 η[%] 등으로부터 다음과 같이 구할 수 있다.

$$\text{미는 쪽} \quad : F_1 = \frac{\pi D^2}{4} \times P \times \eta \ [\text{N}]$$

$$\text{당기는 쪽} : F_2 = \frac{\pi(D^2 - d^2)}{4} \times P \times \eta \ [\text{N}]$$

여기서 주의할 것은 미는 쪽의 힘 F_1과 당기는 쪽의 힘 F_2가 서로 다르다는 것이다. 당기는 쪽의 경우 로드의 지름만큼 실린더의 단면적을 작게 해야 한다. 다음은 실제로 값을 대입해서 계산해 보도록 하자.

> **연습**
>
> **공기압 실린더의 출력 계산**
>
> 실린더 안지름 10mm, 로드 지름 4mm인 공기압 실린더에서 사용하는 공기압을 0.4MPa로 하였을 때 미는 쪽과 당기는 쪽에서 얻을 수 있는 힘은 각각 몇 N인가? 여기서 부하율은 90%로 한다.

[해답]

미는 쪽 $\quad : F_1 = \dfrac{\pi D^2}{4} \times P \times \eta = \dfrac{3.14 \times 10^2}{4} \times 0.4 \times 0.9 = 28.3 \ [\text{N}]$

당기는 쪽 $: F_2 = \dfrac{\pi (D^2 - d^2)}{4} \times P \times \eta = \dfrac{3.14 \times (10^2 - 4^2)}{4} \times 0.4 \times 0.9 = 23.7 \ [\text{N}]$

공기압 실린더에 속도 제어 밸브(스피드 컨트롤러)를 사용하면 노브를 돌려서 속도를 조절할 수 있기 때문에 '천천히 밀어내고 재빨리 빼는' 등의 동작을 쉽게 실행시킬 수가 있다(그림 4-32).

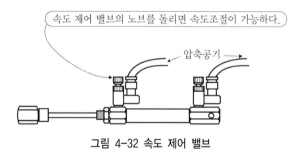

속도 제어 밸브의 노브를 돌리면 속도조절이 가능하다.

압축공기

그림 4-32 속도 제어 밸브

그리고 공기압 실린더에 가하려는 출력이 몇 N인지 알고 있는 경우 공기압을 몇 MPa 가하면 되는지를 알면 필요한 공기압 실린더의 안지름을 구할 수 있다. 다만, 이 계산에서는 딱 떨어지는 수치가 나오는 경우가 적기 때문에 이 값을 기준으로 적당한 안지름의 공기압 실린더를 선정하면 된다.

시퀀스 제어를 이용한 식품기계의 개발

우리 주변에 있는 식품 중 대다수는 다양한 식품기계로 만들어지고 있다. 편의점에 진열되어 있는 주먹밥이나 도시락, 케이크나 과자, 냉동식품의 조리과정 등 대량생산되는 많은 식품들이 전용 식품기계로 제조되고 있다.

식품기계의 형태는 여러 가지이지만 대표적인 것은 공장의 자동조립 라인처럼 조리에 관련된 각 공정을 공기압 실린더나 전기모터를 사용해서 시퀀스 제어로 순차적으로 진행해 가는 것이다.

예를 들어 자동만두제조기를 한번 살펴보자. 먼저 고기나 야채로 만든 만두속을 커다란 용기에 넣어 섞어주는 기계가 있다. 여기서 일정량의 만두속을 만두피 위로 보내면 그 다음은 만두피에 주름을 잡아가며 만두 모양을 만들어준다. 이것이 가열팬으로 보내져서 자동적으로 구워지게 되는 것이다. 여러분은 어떤 메커니즘으로 각 작업공정을 수행하겠는가?

공기압제어의 기초를 익혔다면 자동홍차제조기를 만들어 보는 것도 재미있을 것이다. 이것은 뜨거운 물을 넣은 보온병과 티백, 각설탕을 이용해서 홍차를 만드는 것이다. 일반적으로 동작순서는 다음과 같다.

① 공기압 실린더 1이 보온병의 버튼을 눌러서 컵에 뜨거운 물을 넣는다.
② 공기압 실린더 2가 티백을 위아래로 움직여서 홍차를 우려낸다.
③ 공기압 실린더 3이 각설탕을 컵에 넣는다.

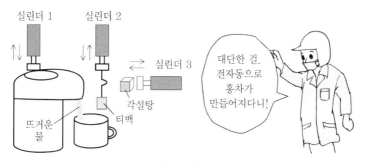

그림 4-33 자동홍차제조기

4-5 제어를 위한 라플라스 변환

(1) 라플라스 변환이란

로봇의 움직임을 이해하려면 그 제어 시스템에 대한 입력신호와 출력신호의 관계를 이해해야한다. 보통 이 관계는 시간의 항 $t[s]$를 포함한 미분방정식으로 나타내는데, 이 식을 푸는 것은 쉽지 않지만 라플라스 변환을 이용해서 비교적 간단한 형태의 대수방정식으로 바꿀 수가 있다. 여기서는 제어를 공부하기 위한 도구로서 라플라스 변환을 익혀두도록 하자.

시간 t의 함수 $f(t)$에 대해 다음과 같은 적분(복소수 s의 함수로 존재하는) $F(s)$를 $f(t)$의 라플라스 변환이라고 한다.

$$F(s) = \int_0^\infty f(t)e^{-st}\,dt = \mathcal{L}\,[f(t)]$$

[예] $f(t)$가 다음의 함수로 표시될 때의 라플라스 변환을 구하라.

(1) $f(t) = 1$

$$\mathcal{L}\,[1] = \int_0^\infty 1 \cdot e^{-st}\,dt = -\frac{1}{s}[e^{-st}]_0^\infty = -\frac{1}{s}(e^{-\infty} - e^0)$$

$$= -\frac{1}{s}(0-1) = \frac{1}{s}$$

(2) $f(t) = a$ (정수)

$$\mathcal{L}\,[a] = \int_0^\infty a \cdot e^{-st}\,dt = a[-\frac{1}{s}e^{-st}]_0^\infty = -\frac{a}{s}(e^{-\infty} - e^0) = \frac{a}{s}$$

(3) $f(t) = t$

$$\mathcal{L}\,[t] = \int_0^\infty t \cdot e^{-st}\,dt = [t \cdot (-\frac{1}{s}e^{-st})]_0^\infty - \int_0^\infty 1 \cdot (-\frac{1}{s}e^{-st})dt$$

$$= [\infty \cdot (-\frac{1}{s}e^{-\infty}) - 0 \cdot (\frac{1}{s}e^0)] - \frac{1}{s^2}[e^{-st}]_0^\infty$$

$$=-\frac{1}{s^2}(0-e^0)=\frac{1}{s^2}$$

(4) $f(t)=t^2$

$$\mathcal{L}\,[t^2]=\int_0^\infty t^2\cdot e^{-st}\,dt=[t^2\cdot(-\frac{1}{s}e^{-st})]_0^\infty-\int_0^\infty 2t\cdot(-\frac{1}{s}e^{-st})dt$$

$$=\frac{2}{s}\int_0^\infty t\cdot e^{-st}dt=\frac{2}{s}\cdot\frac{1}{s^2}=\frac{2}{s^3}$$

(5) $f(t)=e^{-at}$

$$\mathcal{L}\,[e^{-at}]=\int_0^\infty e^{-at}e^{-st}dt=\int_0^\infty e^{-(s+a)t}dt=\left[-\frac{1}{s+a}e^{-(s+a)t}\right]_0^\infty$$

$$=-\frac{1}{s+a}(e^{-\infty}-e^0)=\frac{1}{s+a}$$

(2) 라플라스 변환의 성질

1. 선형법칙

   상수배나 합, 차는 그대로 유지한다.

2. 이동법칙

   t-공간에서의 지수함수배는 s-공간에서는 평행이동이 된다.

3. 미분법칙

   미분은 $F(\mathrm{s})$와 s와 상수의 곱과 합(또는 차)이 된다.

4. 적분법칙

   적분은 1/s배가 된다.

여기서 t-공간은 우리가 일반적으로 생각하는 시간공간, s-공간은 라플라스 변환을 한 공간을 말한다(그림 4-34). t-공간을 라플라스 변환해서 s-공간으로 쉽게 계산했다면 뒷부분에서 설명하는 역라플라스 변환으로 다시 t-공간으로 되돌려야 한다.

제어에 있어 라플라스 변환을 이용하는 경우에는 매번 계산할 필요 없이 라플라스 변환 공식을 표로 만들어 활용하면 된다. 표 4-1에 대표적인 라플라스 변환을 나타내었다.

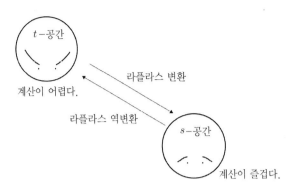

그림 4-34 t-공간과 s-공간

표 4-1 라플라스 변환 공식

$f(t)$	$f(s) = \mathcal{L}\left[f(t)\right]$	$f(t)$	$f(s) = \mathcal{L}\left[f(t)\right]$
1	$\dfrac{1}{s}$	$e^{at}\cos\omega t$	$\dfrac{s-a}{(s-a)^2+\omega^2}$
t	$\dfrac{1}{s^2}$	$e^{at}\sin\omega t$	$\dfrac{\omega}{(s-a)^2+\omega^2}$
t^2	$\dfrac{2!}{s^3}$	$\sinh\omega t = \dfrac{e^{\omega t}-e^{-\omega t}}{2}$	$\dfrac{\omega}{s^2-\omega^2}$, $s>|\omega|$
t^n	$\dfrac{n!}{s^{n+1}}(n=0,\ 1,\ 2,\ \cdots)$	$\cosh\omega t = \dfrac{e^{\omega t}-e^{-\omega t}}{2}$	$\dfrac{s}{s^2-\omega^2}$, $s>|\omega|$
e^{at}	$\dfrac{1}{s-a}$	$\cos\omega t$	$\dfrac{s}{s^2+\omega^2}$
$e^{at}t^n$	$\dfrac{n!}{(s-a)^{n+1}}(n=0,\ 1,\ 2,\ \cdots)$	$\sin\omega t$	$\dfrac{\omega}{s^2+\omega^2}$

[예] 라플라스 변환 공식을 이용해서 다음의 라플라스 변환을 구하라.

(1) $f(t) = 6$

$$f(t) = 6 \times 1 \text{이므로} \quad \mathcal{L}\left[f(t)\right] = 6 \times \mathcal{L}\left[1\right] = 6 \times \frac{1}{s} = \frac{6}{s}$$

(2) $f(t) = \cos 2t$

$$\mathcal{L}\left[\cos 2t\right] = \frac{s}{s^2 + 2^2} = \frac{s}{s^2 + 4}$$

(3) $f(t) = e^{-t}\sin^2 3t$

$$\mathcal{L}\left[e^{-t}\sin^2 3t\right] = \mathcal{L}\left[e^{-t}\frac{1 - \cos 6t}{2}\right] = \frac{1}{2}\mathcal{L}\left[e^{-t} - e^{-t}\cos 6t\right]$$

$$= \frac{1}{2}\left(\frac{1}{s+1} - \frac{s+1}{(s+1)^2 + 6^2}\right) = \frac{18}{(s+1)\{(s+1)^2 + 36\}}$$

(3) 역라플라스 변환이란

함수 $F(s)$에 대해 $\mathcal{L}\left[f(t)\right] = F(s)$을 만족하는 $f(t)$가 존재할 때 그 $f(t)$를 $F(s)$의 역라플라스 변환이라고 한다. 이 관계는 $f(t) = \mathcal{L}^{-1}[F(s)]$와 같이 나타낼 수 있다.

역라플라스 변환의 계산은 라플라스 변환 공식을 라플라스 변환의 계산과 반대로 이용하면 구할 수 있다.

[예] 다음의 라플라스 역변환을 구하라.

(1) $\mathcal{L}^{-1}\left[\dfrac{3}{s} - \dfrac{2}{s^2} + \dfrac{1}{s^3}\right]$

$$= 3\mathcal{L}^{-1}\left[\frac{1}{s}\right] - 2\mathcal{L}^{-1}\left[\frac{1}{s^2}\right] + \mathcal{L}^{-1}\left[\frac{1}{s^3}\right]$$

$$= 3 \times 1 - 2 \times \frac{t^{2-1}}{(2-1)!} + \frac{t^{3-1}}{(3-1)!} = 3 - 2t + \frac{1}{2}t^2$$

(2) $\mathcal{L}^{-1}\left[\dfrac{1}{s+3} - \dfrac{1}{s-6}\right]$

$$= \mathcal{L}^{-1}\left[\frac{1}{s+3}\right] - \mathcal{L}^{-1}\left[\frac{1}{s-6}\right] = e^{-3t} - e^{6t}$$

(3) $\mathscr{L}^{-1}\left[\dfrac{1}{s^2+9}\right]$

$\quad = \mathscr{L}^{-1}\left[\dfrac{1}{s^2+3^2}\right] = \dfrac{1}{3}\sin 3t$

(4) $\mathscr{L}^{-1}\left[\dfrac{2s}{s^2-4}\right]$

$\quad = 2\mathscr{L}^{-1}\left[\dfrac{s}{s^2-2^2}\right] = 2\cosh 2t$

(5) $\mathscr{L}^{-1}\left[\dfrac{1}{(s+2)(s-3)}\right]$

먼저 부분분수로 전개한다.

$\dfrac{A}{s+2}+\dfrac{B}{s-3}$

$A(s-3)+B(s+2)=1$

$(A+B)s+(2B-3A)=1$

$A+B=0,\ 2B-3A=1$

$A=-\dfrac{1}{5},\ B=\dfrac{1}{5}$ 을 대입한 다음 라플라스 역변환을 한다.

주어진 식 $=-\dfrac{1}{5}\mathscr{L}\left[\dfrac{1}{s+2}-\dfrac{1}{s-3}\right]$

$\qquad = -\dfrac{1}{5}(e^{-2t}-e^{3t})$

라플라스 변환과 역라플라스 변환을 이용하면 다음과 같이 미분방정식을 풀 수 있다.

[예] $y''+2y'-3y=e^t,\ y(0)=0,\ y'(0)=1$

방정식을 그대로 라플라스 변환하면

$\mathscr{L}\left[y''+2y'-3y\right]=\mathscr{L}\left[e^t\right]$

여기서 $\mathcal{L}[y] = Y(s)$로 하여 미분법칙을 이용하면

$$\mathcal{L}[y''] = s^2 Y(s) - s y(0) - y'(0)$$
$$\mathcal{L}[y'] = s Y(s) - y(0)$$

여기에 초기조건을 대입하면

$$\mathcal{L}[y''] = s^2 Y(s) - 1$$
$$\mathcal{L}[y'] = s Y(s)$$

이것을 원래의 식에 대입하여 $Y(s)$에 대해 풀면

$$s^2 Y(s) - 1 + 2s Y(s) - 3 Y(s) = \frac{1}{s-1}$$
$$s^2 Y(s) + 2s Y(s) - 3 Y(s) = \frac{1}{s-1} + 1 = \frac{s}{s-1}$$

따라서

$$Y(s) = \frac{s}{(s^2 + 2s - 3)(s-1)} = \frac{s}{(s-1)^2(s+3)}$$

여기서 $Y(s)$를 역라플라스 변환하면 해 y를 구할 수 있는데 역라플라스 변환을 할 수 있도록 부분분수로 전개한다.

$$\frac{s}{(s-1)^2(s+3)} = \frac{A}{(s-1)^2} + \frac{B}{s-1} + \frac{C}{s+3}$$
$$s = A(s+3) + B(s-1)(s+3) + C(s-1)^2$$
$$= (B+C)s^2 + (A+2B-2C)s + 3A - 3B + C$$

여기서 다음 연립방정식을 풀어 A, B, C를 구한다.

$$B + C = 0$$
$$A + 2B - 2C = 1$$
$$3A - 3B + C = 0$$

그러므로 $A=\dfrac{1}{4},\ B=\dfrac{3}{16},\ C=-\dfrac{3}{16}$

따라서

$$Y(s)=\frac{1}{4}\cdot\frac{1}{(s-1)^2}+\frac{3}{16}\cdot\frac{1}{s-1}-\frac{3}{16}\cdot\frac{1}{s+3}$$

여기서 드디어 $Y(s)$를 역라플라스 변환할 수 있다.

$$y=\mathcal{L}^{-1}Y(s)=\frac{1}{4}\mathcal{L}^{-1}\frac{1}{(s-1)^2}+\frac{3}{16}\mathcal{L}^{-1}\frac{1}{s-1}-\frac{3}{16}\mathcal{L}^{-1}\frac{1}{s+3}$$

$$=\frac{1}{4}te^{t}+\frac{3}{16}e^{t}-\frac{3}{16}e^{-3t}\ \cdots\cdots\ \text{(답)}$$

이처럼 중간 식을 꼼꼼히 적다보면 분량은 많아지지만 라플라스 변환을 이용하면 계산 자체는 비교적 간단한 대수방정식이라는 것을 알 수 있다.

푸리에 해석

라플라스 변환에 대해 연구한 라플라스(1749-1827)와 동시대에 프랑스에서 해석학에 대한 중요한 연구를 한 인물이 푸리에(1768-1830)이다. 푸리에는 주기적인 함수는 어떤 것이라도 그 주기의 분수배인 주기의 삼각함수로 무한히 근접할 수 있다고 생각하여 다음과 같은 관계를 도출하였다.

$$y=\frac{a_0}{2}+\sum_{n=1}^{\infty}(a_n\cos nx+b_n\sin nx)$$

$$a_n=\frac{1}{\pi}\int_{-\pi}^{\pi}f(x)\cos nx\,dx,\ b_n=\frac{1}{\pi}\int_{-\pi}^{\pi}f(x)\sin nx\,dx$$

이 관계를 푸리에 해석이라고 하며 복잡한 주기함수를 보다 간단하게 기술할 수 있게 됨으로써 열전도방정식이나 파동방정식 등 물리학의 응용분야에 크게 기여하였다. 이 책에서는 깊이 파고들어 자세히 설명하지는 않지만 반드시 이해해 두길 바란다.

4-6 전달함수

(1) 전달함수와 블록선도

전달함수 $G(s)$란 대상으로 하는 요소나 시스템의 입력 $x(t)$와 출력 $y(t)$를 라플라스 변환했을 때의 $X(s)$와 $Y(s)$의 비(比)를 말하며 고전제어이론에서 가장 기본적인 개념이다. 전달함수의 관계는 다음 식으로 나타낼 수 있으며, 초기값은 0(즉, 초기시각에서 정지하고 있다)으로 한다.

$$G(s) = \frac{Y(s)}{X(s)}$$

이 관계를 변형해서 출력 $Y(s)$를 다음과 같이 나타낼 수도 있다.

$$Y(s) = G(s) \cdot X(s)$$

전달함수와 그 입·출력 관계를 신호의 흐름을 통해 알 수 있도록 나타낸 그림을 블록선도라고 한다(그림 4-35).

실제 시스템은 다양한 요소로 구성되어 있기 때문에 각각의 전달함수를 조합한 블록선도를 작성하면 시스템 전체의 신호 흐름을 명확하게 할 수 있다. 각각의 전달함수가 갖는 물리적인 의미는 로봇 암의 운동방정식, 열이나 유체 흐름의 방정식, 전자기적 방정식 등 다양하지만 각각에 대한 적절한 수학 모델을 작성함으로써 시스템 전체에 대해 통일되게 취급할 수가 있다.

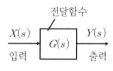

그림 4-35 블록선도

(2) 기본요소의 전달함수

① 비례요소

입력신호 $x(t)$와 출력신호 $y(t)$가 비례하는 요소를 비례요소라고 한다(그림 4-36).

$$y(t) = Kx(t) \qquad \text{여기서 } K\text{는 비례상수이다.}$$

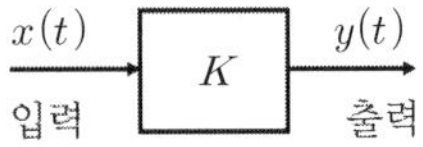

$$x(t) \boxed{K} y(t)$$
입력   출력

그림 4-36 비례요소

비례요소의 선날함수 $G(s)$는 $x(t)$와 $y(t)$의 라플라스 변환을 각각 $X(s)$와 $Y(s)$라 할 때 다음과 같이 나타낼 수 있다.

$$G(s) = \frac{Y(s)}{X(s)} = K$$

비례요소의 예로는 후크의 법칙이나 옴의 법칙 등을 들 수 있다(그림 4-37). 이처럼 서로 다른 물리현상이라도 같은 형태의 전달함수로 나타낼 수 있는 것을 아날로지(Analogy)라고 한다.

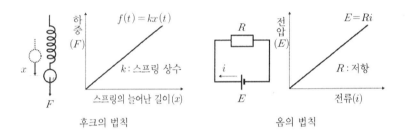

그림 4-37 비례요소의 예

② 적분요소

입력신호 $x(t)$를 시간으로 적분한 값에 출력신호 $y(t)$가 비례하는 요소를 적분요소라고 한다(그림 4-38).

$$y(t) = K \int_0^t x(t)dt \qquad \text{여기서 } K\text{는 비례상수이다.}$$

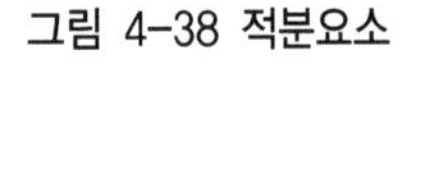

$$x(t) \boxed{\frac{K}{s}} y(t)$$
입력   출력

그림 4-38 적분요소

적분요소의 전달함수 $G(s)$는 $x(t)$와 $y(t)$의 라플라스 변환을 각각 $X(s)$와 $Y(s)$라 할 때 다음과 같이 나타낼 수 있다.

$$G(s) = \frac{Y(s)}{X(s)} = \frac{K}{s}$$

적분요소의 예로서 용기에 물을 담을 때의 유량 $x(t)$와 총유입량 $Q(t)$의 관계, 유압실린더에 유입하는 기름의 유량 $x(t)$와 총유입량 $Q(t)$의 관계, 콘덴서에 유입하는 전류 $i(t)$와 저장되는 전압 $e(t)$의 관계 등을 들 수 있다(그림 4-39).

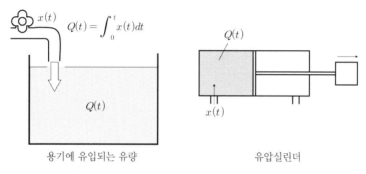

용기에 유입되는 유량　　　　　　유압실린더

그림 4-39 적분요소의 예

③ 미분요소

입력신호 $x(t)$를 시간으로 미분한 값에 출력신호 $y(t)$가 비례하는 요소를 미분요소라고 한다 (그림 4-40).

$$y(t) = K\frac{dx(t)}{dt} \qquad \text{여기서 } K \text{는 비례상수이다.}$$

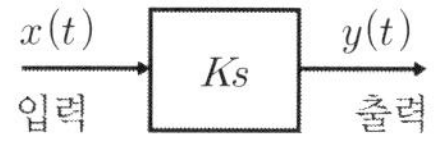

$$\underset{\text{입력}}{x(t)} \longrightarrow \boxed{Ks} \longrightarrow \underset{\text{출력}}{y(t)}$$

그림 4-40 미분요소

미분요소의 전달함수 $G(s)$는 $x(t)$와 $y(t)$의 라플라스 변환을 각각 $X(s)$와 $Y(s)$라 할 때 다음과 같이 나타낼 수 있다.

$$G(s) = \frac{Y(s)}{X(s)} = Ks$$

미분요소의 예로서 대시포트에 가하는 변위 $x(t)$와 저항력 $y(t)$의 관계, 코일에 흐르는 전류 $i(t)$와 양 끝의 전압 $e(t)$의 관계 등을 들 수 있다(그림 4-41). 모두가 시간에 대한 변화율을 나타내며, 앞으로의 증감에 대응하기 위해 좀더 앞서 제어동작을 실행할 때 사용된다.

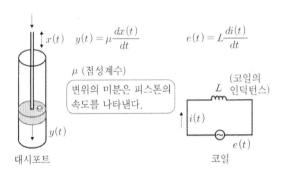

그림 4-41 미분요소의 예

④ 1차 지연요소

입력신호 $x(t)$와 출력신호 $y(t)$의 관계가 선형일차 미분방정식으로 표현되는 요소를 1차 지연요소라고 한다(그림 4-42).

1차 지연요소의 전달함수 $G(s)$는 $x(t)$와 $y(t)$의 라플라스 변환을 각각 $X(s)$와 $Y(s)$라 할 때 다음과 같이 나타낼 수 있다. 여기서 T를 시상수라고 한다.

$$G(s) = \frac{Y(s)}{X(s)} = \frac{1}{Ts+1}$$

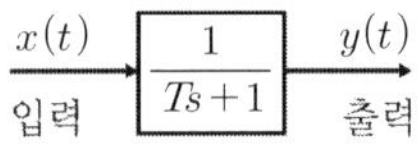

그림 4-42 1차 지연요소

수조에 유량 $q(t)$로 물을 채울 때 배수관의 유출량 $v(t)$는 액면의 높이 $h(t)$에 비례하고 유출저항 R에 반비례한다고 가정한다(그림 4-43). 이 관계를 식으로 나타내면 다음과 같다.

$$C\frac{dh(t)}{dt} = q(t) - v(t)$$

$$v(t) = \frac{h(t)}{R} \text{이므로}$$

$$C\frac{dh(t)}{dt} + \frac{h(t)}{R} = q(t)$$

위 식을 라플라스 변환하여 액면 높이 $H(s)$와 유량 $Q(s)$의 관계를 구한다. 단, 처음에는 수조에 물이 들어 있지 않았기 때문에 $h(0) = 0$으로 한다.

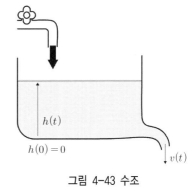

그림 4-43 수조

$$CsH(s) + \frac{H(s)}{R} = Q(s)$$
$$(RCs + 1)H(s) = Q(s)R$$

$$\frac{H(s)}{Q(s)} = \frac{R}{RCs + 1} = \frac{R}{Ts + 1}$$

$\dfrac{1}{Ts+1}$ 가 있으면 1차 지연요소입니다.

여기서 RC는 시상수 T이다.

이 밖에도 대시포트에서의 외력과 스프링 변위의 관계, 저항과 코일을 포함한 전기회로의 입력전압과 출력전압의 관계 등도 예로 들 수 있다(그림 4-44).

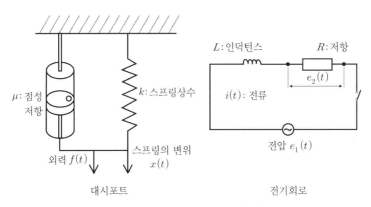

대시포트

전기회로

그림 4-44 1차 지연요소의 예

$$G(s) = \frac{X(s)}{F(s)} = \frac{1}{\mu s + k} \qquad G(s) = \frac{E_2(s)}{E_1(s)} = \frac{1}{\dfrac{L}{R}s + 1}$$

⑤ 2차 지연요소

입력신호 $x(t)$와 출력신호 $y(t)$의 관계가 선형 2차 미분방정식으로 표현되는 요소를 2차 지연요소라고 한다(그림 4-45).

$$G(s) = \frac{Y(s)}{X(s)} = \frac{d}{as^2 + bs + c}$$

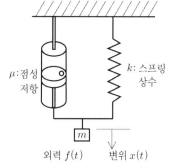

a, b, c, d는 임의의 상수

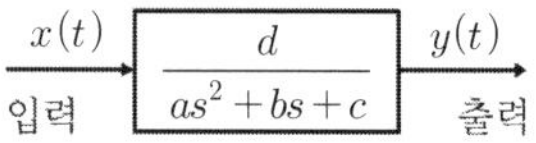

그림 4-45 2차 지연요소

그림 4-46과 같은 스프링-질량-대시포트계에서의 변위 $x(t)$와 외력 $f(t)$의 관계는 2차 지연요소라는 것을 나타낸다.

질량 m에 의한 힘, 대시포트에 의한 저항력, 스프링의 늘어남에 의한 힘으로부터 운동방정식을 도출하면 다음과 같다.

$$m\frac{d^2x(t)}{dt^2} + \mu\frac{dx(t)}{dt} + kx(t) = f(t)$$

양 변을 라플라스 변환해서 정리하면 다음과 같다.

$$ms^2 X(s) + \mu s X(s) + kX(s) = F(s)$$

$$G(s) = \frac{X(s)}{F(s)} = \frac{1}{ms^2 + \mu s + k}$$

그림 4-46 2차 지연요소의 예

여기서 전달함수의 식을 다음과 같이 변형해서 새로운 변수를 사용하면 위의 관계는 다음과 같이 된다.

고유각주파수 $\quad \omega_n = \sqrt{\dfrac{k}{m}}$

감쇠계수 $\qquad \zeta_n = \dfrac{\mu}{2\sqrt{mk}}$

$\dfrac{\omega_n^2}{s^2 + 2\zeta\omega_n s + \omega_n^2}$가 2차 지연요소에서는 중요한 전달함수가 됩니다.

또한 $K = \dfrac{1}{k}$

$$G(s) = \frac{K\omega_n^2}{s^2 + 2\zeta\omega_n s + \omega_n^2}$$

이 밖에도 저항과 코일, 콘덴서를 포함한 전기회로의 입력전압과 출력전압의 관계 등도 2차 지연요소로 알려져 있다(그림 4-47).

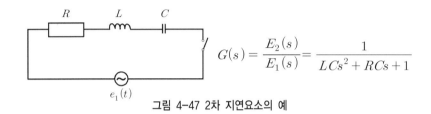

$$G(s) = \frac{E_2(s)}{E_1(s)} = \frac{1}{LCs^2 + RCs + 1}$$

그림 4-47 2차 지연요소의 예

⑥ 낭비시간요소

입력신호 $x(t)$에 대해 출력신호 $y(t)$가 일정 시간만큼 지연되는 요소를 낭비시간요소라고 한다(그림 4-48). 시간의 지연을 L이라 하면 낭비시간의 입·출력관계는 $y(t) = x(t-L)$로 나타낼 수 있다.

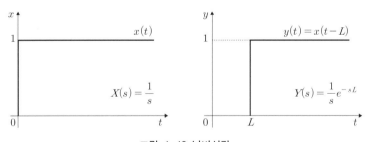

그림 4-48 낭비시간

여기서 $y(t) = x(t-L)$을 라플라스 변환하여 정리하면 다음과 같다(그림 4-49).

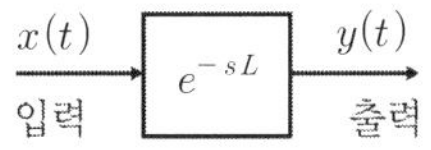

$$\xrightarrow[\text{입력}]{x(t)} \boxed{e^{-sL}} \xrightarrow[\text{출력}]{y(t)}$$

그림 4-49 낭비시간요소

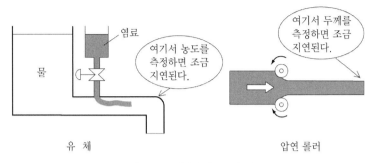

그림 4-50 낭비시간요소의 예

$$Y(s) = \mathcal{L}\left[x(t - L)\right] = e^{-sL}X(s)$$

$$\text{따라서 } G(s) = \frac{Y(s)}{X(s)} = e^{-sL}$$

낭비시간요소의 예로서 관로 내부의 유체에 염료를 가할 때의 응답, 압연 롤러에 의한 두께의 검출 등을 들 수 있다(그림 4-50).

(3) 블록선도의 등가교환

제어 시스템이 복잡해지면 블록선도의 수도 늘어나기 때문에 입·출력신호를 이해하기가 어려워진다. 그래서 여러 개의 블록선도를 등가로 간단하게 표기하기 위한 기본결합법칙을 기억해 두면 도움이 될 것이다(그림 4-51).

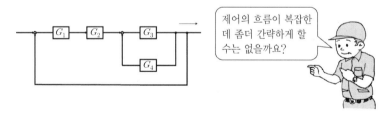

그림 4-51 등가교환

① 직렬결합

블록선도가 직렬로 배열된 직렬결합에서는 곱의 형태로 간략하게 할 수 있다(그림 4-52).

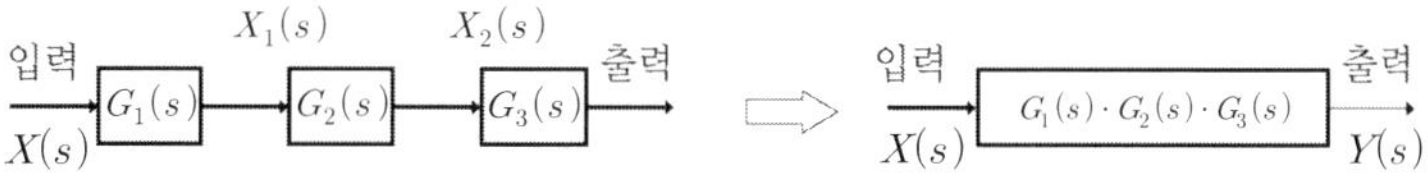

그림 4-52 직렬결합

[증명]

$$G_1(s) = \frac{X_1(s)}{X(s)}, \quad G_2(s) = \frac{X_2(s)}{X_1(s)}, \quad G_3(s) = \frac{Y(s)}{X_2(s)} \text{를 정리하면}$$

$$G_1(s) = \frac{X_1(s)}{X(s)} \text{에 } X_1(s) = \frac{X_2(s)}{G_2(s)} \text{를 대입하면 } G_1(s) = \frac{X_2(s)}{X(s)G_2(s)}$$

다시 $X_2 = \frac{Y(s)}{G_3(s)}$ 를 대입하면 $G_1(s) = \frac{Y(s)}{X(s)G_2(s)G_3(s)}$

따라서 $G(s) = \frac{Y(s)}{X(s)} = G_1(s) \cdot G_2(s) \cdot G_3(s)$ 이 되므로

곱의 형태로 간략하게 된다.

② 병렬결합

블록선도가 병렬로 배열된 병렬결합에서는 합의 형태로 간략하게 할 수 있다(그림 4-53).

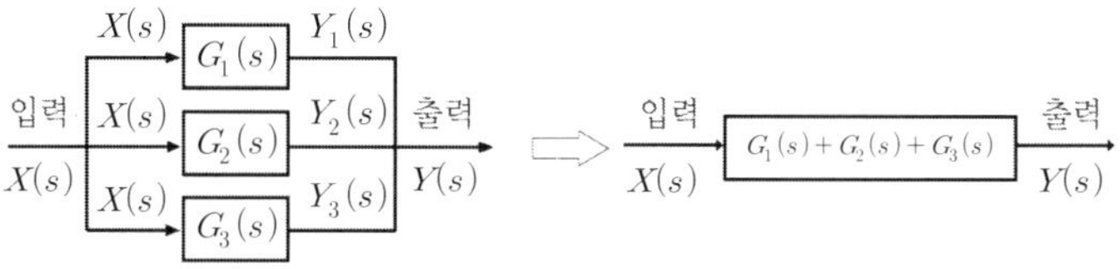

그림 4-53 병렬결합

[증명]

$$G_1(s) = \frac{Y_1(s)}{X(s)}, \quad G_2(s) = \frac{Y_2(s)}{X(s)}, \quad G_3(s) = \frac{Y_3(s)}{X(s)}$$

$$Y(s) = Y_1(s) + Y_2(s) + Y_3(s) = G_1(s)X(s) + G_2(s)X(s) + G_3(s)X(s)$$

$$= (G_1(s) + G_2(s) + G_2(s))X(s)$$

따라서 $G(s) = \frac{Y(s)}{X(s)} = G_1(s) + G_2(s) + G_3(s)$ 이 되므로

합의 형태로 간략하게 된다.

③ 피드백 결합

출력에서 입력으로 되돌아오는 신호가 있는 피드백 결합에서는 피드백 요소를 $H(s)$로 하고 입력신호를 $X(s) - H(s)Y(s)$로 해서 생각한다(그림 4-54).

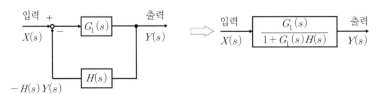

그림 4-54 피드백 결합

[증명]

피드포워드 요소 $G_1(s)$에 대해

$$Y(s) = G_1(s)\{X(s) - H(s)Y(s)\}$$
$$= G_1(s)X(s) - G_1(s)H(s)Y(s)$$
$$\{1 + G_1(s)H(s)\}Y(s) = G_1(s)X(s)$$

따라서

$$G(s) = \frac{Y(s)}{X(s)} = \frac{G_1(s)}{1 + G_1(s)H(s)}$$

한편 피드백 요소인 $H(s) = 1$일 때, 이것을 직결 피드백 결합이라고 하며 그림 4-55와 같이 직선만으로 표시된다.

그림 4-55 직결 피드백 결합

이 밖에도 블록선도를 간략화하려면 다음과 같은 방법을 이용하면 된다.

- 인출점을 요소 앞으로 이동 (그림 4-56)
- 가합점을 요소 뒤로 이동 (그림 4-57)
- 인출점을 요소 뒤로 이동 (그림 4-58)
- 가합점을 요소 앞으로 이동 (그림 4-59)

그림 4-56 인출점을 요소 앞으로 이동

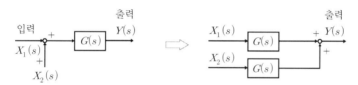

그림 4-57 가합점을 요소 뒤로 이동

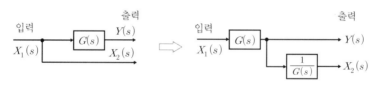

그림 4-58 인출점을 요소 뒤로 이동

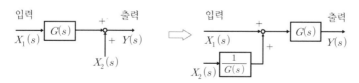

그림 4-59 가합점을 요소 앞으로 이동

[예] 블록선도의 등가교환

지금까지 배운 기본결합법칙을 이용해 블록선도의 등가교환을 수행하라.

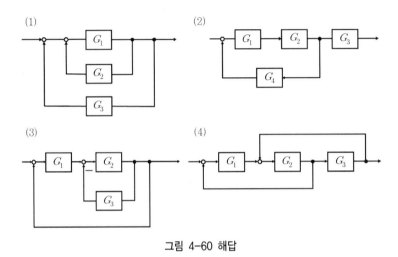

그림 4-60 해답

[풀이]

(1) 먼저 G_1에 대한 G_2의 피드백을 정리한다.

$$G_1 = \frac{Y'}{X - G_2 Y'}$$

이것을 정리하면 다음과 같다.

$$G_1(X - G_2 Y') = Y'$$
$$G_1 X - G_1 G_2 Y' = Y'$$
$$G_1 X = (1 + G_1 G_2) Y' \quad \text{따라서}$$
$$\frac{Y'}{X} = \frac{G_1}{1 + G_1 G_2}$$

다음은 G_3의 피드백을 정리한다.

$$\frac{Y'}{X} = \frac{G_1}{1 + G_1 G_2} = \frac{Y}{X - G_3 Y}$$

이것을 정리하면 다음과 같다.

$$G_1(X - G_3 Y) = Y(1 + G_1 G_2)$$

$$G_1 X - G_1 G_3 Y = Y + Y G_1 G_2$$

$$G_1 X = (1 + G_1 G_2 + G_1 G_3) Y \quad \text{따라서}$$

$$\frac{Y}{X} = \frac{G_1}{1 + G_1 G_2 + G_1 G_3}$$

(2) 먼저 G_1과 G_2를 결합한 다음 G_4의 피드백을 정리한다.

$$G_1 G_2 = \frac{Y'}{X - G_4 Y'}$$

이것을 정리하면 다음과 같다.

$$G_1 G_2(X - G_4 Y') = Y'$$

$$G_1 G_2 X - G_1 G_2 G_4 Y' = Y'$$

$$G_1 G_2 X = (1 + G_1 G_2 G_4) Y' \quad \text{따라서}$$

$$\frac{Y'}{X} = \frac{G_1 G_2}{1 + G_1 G_2 G_4}$$

다음은 G_3를 결합해서 정리한다.

$$\frac{Y}{X} = \frac{Y'}{X} \cdot G_3 = \frac{G_1 G_2 G_3}{1 + G_1 G_2 G_4}$$

(3) 먼저 G_2과 G_3를 결합한 다음 G_1을 결합한다.

$$G_2 = \frac{Y'}{X - G_3 Y'}$$

이것을 정리하면 다음과 같다.

$$G_2(X - G_3 Y') = Y'$$

$$G_2 X - G_2 G_3 Y' = Y'$$

$$\frac{Y'}{X} = \frac{G_2}{1 + G_2 G_3}$$

다음은 G_1를 결합해서 정리한다.

$$\frac{Y''}{X} = \frac{Y'}{X} \cdot G_1 = \frac{G_2}{1 + G_2 G_3} \cdot G_1 = \frac{G_1 G_2}{1 + G_2 G_3}$$

다음은 직결 피드백 결합을 정리한다.

$$\frac{Y''}{X} = \frac{G_1 G_2}{1 + G_2 G_3} = \frac{Y}{X - Y}$$

$$G_1 G_2 (X - Y) = (1 + G_2 G_3) Y$$

$$\frac{Y}{X} = \frac{G_1 G_2}{1 + G_1 G_2 + G_2 G_3}$$

(4) 피드백 라인이 교차되어 있으므로 인출선을 그림 4-61과 같이 이동한다.
먼저 G_2와 G_3의 피드백을 정리한다.

$$G_2 = \frac{Y'}{X - G_3 Y'}$$

$$G_2(X - G_3 Y') = Y'$$

$$G_2 X - G_2 G_3 Y' = Y'$$

$$G_2 X = (1 + G_2 G_3) Y'$$

$$\frac{Y'}{X} = \frac{G_2}{1 + G_2 G_3}$$

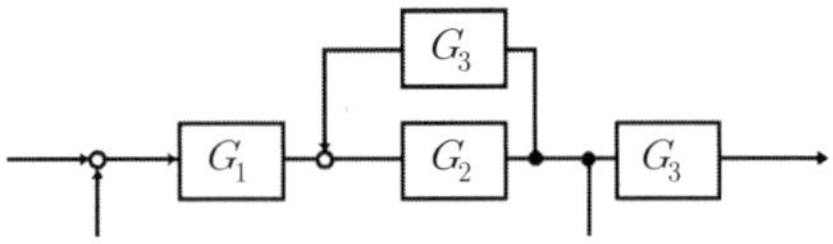

그림 4-61

다음은 G_1을 결합해서 정리한다.

$$\frac{Y''}{X} = \frac{Y'}{X} G_1 = \frac{G_2}{1 + G_2 G_3} G_1 = \frac{G_1 G_2}{1 + G_2 G_3}$$

다음은 직결 피드백 결합을 정리한다.

$$\frac{Y''}{X} = \frac{G_1 G_2}{1 + G_2 G_3} = \frac{Y''}{X - Y'''}$$

$$G_1 G_2 (X - Y''') = (1 + G_2 G_3) Y'''$$

$$G_1 G_2 X - G_1 G_2 Y''' = (1 + G_2 G_3) Y'''$$

$$G_1 G_2 X = (1 + G_1 G_2 + G_2 G_3) Y'''$$

$$\frac{Y'''}{X} = \frac{G_1 G_2}{1 + G_1 G_2 + G_2 G_3}$$

마지막으로 G_3를 결합해서 정리한다.

$$\frac{Y}{X} = \frac{Y'''}{X} \cdot G_3 = \frac{G_1 G_2 G_3}{1 + G_1 G_2 + G_2 G_3}$$

4-7 제어 시스템의 과도응답

(1) 과도응답의 입력신호

지금부터는 블록선도 등으로 표시된 시스템에 입력신호를 주었을 때 나타나는 출력신호와의 관계를 뜻하는 응답특성에 대해 알아보기로 한다(그림 4-62).

그림 4-62 응답특성

제어 시스템의 응답에는 오랜 시간 동안 변화하지 않는 정상상태에서의 응답인 정상응답과 정상상태로부터 다음의 정상상태로 이동하기까지의 과도상태에서의 응답인 과도응답이 있다(그림 4-63).

제어 시스템의 입력신호는 과도응답으로서 취급하는 경우가 많은데 그 종류에는 스텝응답, 인디셜응답, 램프응답 등이 있다.

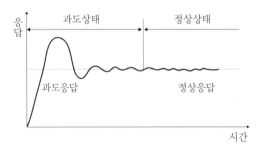

그림 4-63 정상응답과 과도응답

스텝응답은 제어 시스템에 계단 모양의 스텝입력이 주어졌을 때 나타나는 응답으로, 구체적인 예를 들면 스위치 ON으로 전기를 보냈을 때의 전류·전압, 저울에 추를 올렸을 때의 질량 등이 있다. 스텝입력의 x 좌표가 1인 경우의 응답을 인디셜응답(또는 단위스텝응답)이라고 한다.

임펄스응답은 제어 시스템에 순간적으로 작용하는 임펄스가 입력에 주어졌을 때 나타나는 응답으로, 망치 따위로 물체를 두들겼을 때의 충격력이 여기에 해당한다.

램프응답은 제어 시스템에 일정 속도의 램프입력이 주어졌을 때 나타나는 응답으로, 수도꼭지를 틀었을 때의 시간과 유량의 관계 등이 여기에 해당한다(그림 4-64).

(2) 기본요소의 과도응답

여기서는 앞서 설명한 제어 시스템의 기본요소에 과도응답의 대표격인 인디셜응답과 임펄스응답을 적용하기로 한다(그림 4-65).

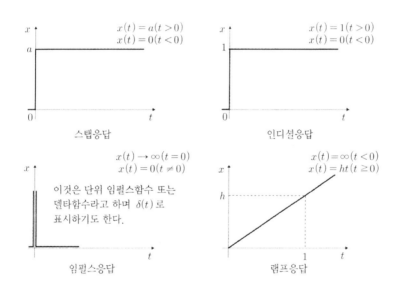

그래프 레이블:
- 스텝응답: $x(t) = a(t > 0)$, $x(t) = 0(t < 0)$
- 인디셜응답: $x(t) = 1(t > 0)$, $x(t) = 0(t < 0)$
- 임펄스응답: $x(t) \to \infty(t = 0)$, $x(t) = 0(t \neq 0)$, 이것은 단위 임펄스함수 또는 델타함수라고 하며 $\delta(t)$로 표시하기도 한다.
- 램프응답: $x(t) = \infty(t < 0)$, $x(t) = ht(t \geq 0)$

그림 4-64 과도응답의 해석에 이용하는 입력신호

① 비례요소

비례요소의 전달함수가 $G(s) = K$이다. 인디셜응답을 구하고자 하면 입력신호가 $x(t) = 1$인 라플라스 변환 $X(s)$가 $1/s$가 되므로 출력신호의 라플라스 변환 $Y(s)$는 다음과 같이 된다.

$$Y(s) = G(s)X(s) = K \cdot \frac{1}{s} = \frac{K}{s}$$

따라서 이것을 역라플라스 변환하면 출력신호 $y(t)$를 구할 수가 있다.

$$y(t) = \pounds^{-1}\{Y(s)\} = Kx(t)$$

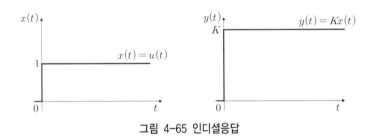

그림 4-65 인디셜응답

비례요소의 전달함수가 $G(s) = K$이다. 임펄스응답을 구하고자 하면 임펄스입력인 $\delta(t)$의 라플라스 변환이 $X(s) = 1$이 되므로, 출력신호의 라플라스 변환 $Y(s)$는 다음과 같이 된다(그림 4-66).

$$Y(s) = G(s)X(s) = K \cdot 1 = K$$

따라서 이것을 역라플라스 변환하면 출력신호 $y(t)$를 구할 수가 있다.

$$y(t) = \pounds^{-1}\{Y(s)\} = K\delta(t)$$

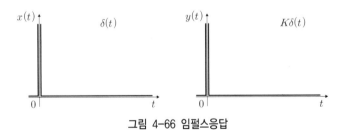

그림 4-66 임펄스응답

② 적분요소

적분요소의 전달함수가 $G(s) = K/s$이다. 인디셜응답을 구하고자 하면 그 입력신호의 라플라스 변환이 $X(s) = 1/s$가 되므로, 출력신호의 라플라스 변환 $Y(s)$는 다음과 같이 된다(그림 4-67).

$$Y(s) = G(s)X(s) = \frac{K}{s} \cdot \frac{1}{s} = \frac{K}{s^2}$$

따라서 이것을 역라플라스 변환하면 출력신호 $y(t)$를 구할 수가 있다.

$$y(t) = \mathcal{L}^{-1}\{Y(s)\} = Kt$$

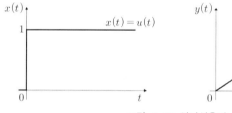

그림 4-67 인디셜응답

다시 적분요소의 전달함수가 $G(s) = K/s$이다. 임펄스응답을 구하고자 하면 임펄스 입력의 라플라스 변환이 $X(s) = 1$이 되므로, 출력신호의 라플라스 변환 $Y(s)$는 다음과 같이 된다.

$$Y(s) = G(s)X(s) = \frac{K}{s} \cdot 1 = \frac{K}{s}$$

따라서 이것을 역라플라스 변환하면 출력신호 $y(t)$를 구할 수가 있다.

$$y(t) = \mathcal{L}^{-1}\{Y(s)\} = Ku(t)$$

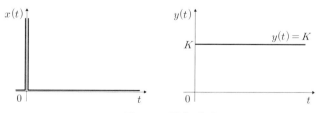

그림 4-68 임펄스응답

③ 미분요소

미분요소의 전달함수가 $G(s) = Ks$ 이다. 인디셜응답을 구하고자 하면, 입력신호의 라플라스 변환이 $X(s) = 1/s$ 이 되므로, 출력신호의 라플라스 변환 $Y(s)$ 는 다음과 같이 된다.

$$Y(s) = G(s)X(s) = Ks \cdot \frac{1}{s} = K$$

따라서 이것을 역라플라스 변환하면 출력신호 $y(t)$ 를 구할 수가 있다.

$$y(t) = \mathcal{L}^{-1}\{Y(s)\} = K\delta(t)$$

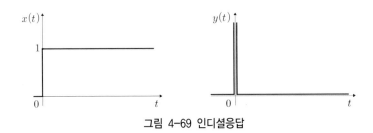

그림 4-69 인디셜응답

다시 미분요소의 전달함수가 $G(s) = Ks$ 이다. 임펄스응답을 구하고자 하면 임펄스입력의 라플라스 변환이 $X(s) = 1$ 이 되므로, 출력신호의 라플라스 변환 $Y(s)$ 는 다음과 같이 된다.

$$Y(s) = G(s)X(s) = Ks \cdot 1 = Ks$$

따라서 이것을 역라플라스 변환하면 출력신호 $y(t)$ 를 구할 수가 있다.

$$y(t) = \mathcal{L}^{-1}\{Y(s)\} = K\frac{d\delta(t)}{dt}$$

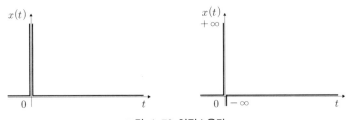

그림 4-70 임펄스응답

④ 1차 지연요소

1차 지연요소의 전달함수가 $G(s) = K/(Ts+1)$이다. 인디셜응답을 구하고자 하면 입력신호의 라플라스 변환이 $X(s) = 1/s$가 되므로, 출력신호의 라플라스 변환 $Y(s)$는 다음과 같이 된다.

$$Y(s) = G(s)X(s) = \frac{K}{Ts+1} \cdot \frac{1}{s} = \frac{K}{s(Ts+1)}$$

따라서 이것을 역라플라스 변환하기 위해 $Y(s)$를 부분분수로 전개하면 다음과 같다.

$$Y(s) = \frac{K}{s(Ts+1)} = K\left(\frac{1}{s} - \frac{1}{s + \dfrac{1}{T}}\right)$$

이것을 역라플라스 변환하면 출력신호 $y(t)$를 구할 수가 있다.

$$y(t) = \mathcal{L}^{-1}\{Y(s)\} = K(1 - e^{-\frac{t}{T}})$$

여기서 게인상수 $K = 1$로 한 것이 인디셜응답이 된다.

이것을 미분하면 $y'(t) = \dfrac{1}{T}e^{-\frac{t}{T}}$ 가 되어 $y'(0) = \dfrac{1}{T}$이 되기 때문에

$t = T$일 때 $y(T)$를 구하면 다음과 같다.

$$y(T) = (1 - e^{-\frac{T}{T}}) = (1 - e^{-1}) = 1 - \frac{1}{e} = 0.632 = 63.2\%$$

여기서 1차 지연요소의 시상수란 그 인디셜응답이 목표값의 63.2%에 도달하기까지의 시간을 나타낸다(그림 4-71). 즉, 시상수는 작을수록 목표값에 빨리 도달하고, 클수록 쉽게 도달하지 못한다는 것을 의미한다.

다시 1차 지연요소의 전달함수가 $G(s) = K/(Ts+1)$이다. 임펄스응답을 구하고자 하면 임펄스 입력의 라플라스 변환이 $X(s) = 1$이 되므로, 출력신호의 라플라스 변환 $Y(s)$는 다음과 같이 된다(그림 4-72).

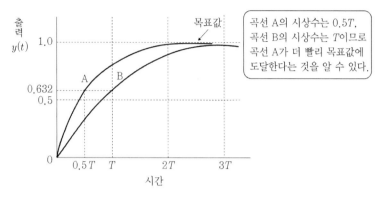

곡선 A의 시상수는 $0.5T$,
곡선 B의 시상수는 T이므로
곡선 A가 더 빨리 목표값에
도달한다는 것을 알 수 있다.

그림 4-71 인디셜응답

$$Y(s) = G(s)X(s) = \frac{K}{Ts+1} \cdot 1 = \frac{K}{Ts+1}$$

따라서 이것을 역라플라스 변환하면 출력신호 $y(t)$를 구할 수가 있다.

$$y'(t) = \frac{K}{T}e^{-\frac{t}{T}}$$

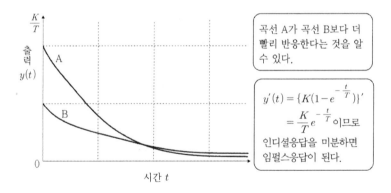

곡선 A가 곡선 B보다 더
빨리 반응한다는 것을 알
수 있다.

$$y'(t) = \{K(1-e^{-\frac{t}{T}})\}'$$
$$= \frac{K}{T}e^{-\frac{t}{T}}$$ 이므로
인디셜응답을 미분하면
임펄스응답이 된다.

그림 4-72 임펄스응답

⑤ 2차 지연요소

2차 지연요소의 전달함수가 다음과 같다.

$$G(s) = \frac{\omega_n^2}{s^2 + 2\zeta\omega_n s + \omega_n^2} \quad (\zeta > 0)$$

인디셜응답을 구하고자 하면 입력신호의 라플라스 변환이 $X(s) = 1/s$가 되므로, 출력신호의 라플라스 변환 $Y(s)$는 다음과 같이 된다.

$$Y(s) = G(s)X(s) = \frac{\omega_n^2}{s^2 + 2\zeta\omega_n s + \omega_n^2} \ (\zeta < 0) \cdot \frac{1}{s} = \frac{\omega_n^2}{s(s^2 + 2\zeta\omega_n s + \omega_n^2)}$$

따라서 이것을 역라플라스 변환함으로써 출력신호 $y(t)$를 구할 수 있다(중간식은 복잡하기 때문에 생략함).

$$y(t) = 1 + \frac{e^{-\zeta\omega_n t}}{\sqrt{1-\zeta^2}} \sin\left(\omega_n \sqrt{1-\zeta^2}\, t + \tan^{-1} \frac{\sqrt{1-\zeta^2}}{\zeta}\right)$$

위 식은 지수함수 e의 음수제곱의 항이 있기 때문에 시간 t의 경과와 함께 수렴할 것으로 예상되지만 감쇠계수 ζ의 값에도 좌우되므로 조건별로 알아보기로 하자.

- $0 < \zeta < 1$

아래위로 진동을 반복하면서 $y(t) = 1$로 수렴한다. 이를 감쇠진동이라고 한다.

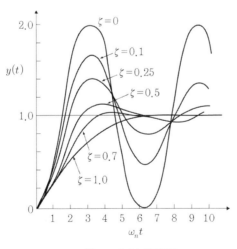

그림 4-73 인디셜응답

- $\zeta = 0$일 때

  $y(t) = 1 - \sin(\omega_n t + 90°)$가 되므로 $y(t) = 1$을 중심으로 한 sin 곡선이 된다. 이를 지속진동이라고 한다.

- $\zeta = 1$일 때

  $y(t) = 1$ 이상으로 커지지 않고 $y(t) = 1$로 수렴한다. 이를 임계감쇠라고 한다.

- $\zeta > 1$일 때

  ζ가 클수록 천천히 $y(t) = 1$에 가까워진다. 이를 과감쇠라고 한다.

이제 2차 지연요소의 임펄스응답을 구해 보자.

임펄스입력의 라플라스 변환이 $X(s) = 1$이 되므로 출력신호의 라플라스 변환 $Y(s)$는 다음과 같이 된다(그림 4-74).

$$Y(s) = G(s)X(s)$$

따라서 이것을 역라플라스 변환함으로써 출력신호 $y(t)$를 구할 수가 있다(중간식은 복잡하므로 생략함).

이 결과는 2차 지연요소의 인디셜응답과 마찬가지로 감쇠계수 ζ의 값에도 좌우되므로 다음과 같이 조건별로 알아보기로 하자.

- $0 < \zeta < 1$일 때

  $$y(t) = \frac{\omega_n}{\sqrt{1 - \zeta^2}} e^{-\zeta \omega_n t} \sin \omega_n \sqrt{1 - \zeta^2}\, t$$

  가 되므로, sin 곡선으로 진동하면서 점차적으로 진폭이 감쇠하는 감쇠진동이 된다.

- $\zeta = 1$일 때

  $$y(t) = \omega_n^2 e^{-\zeta \omega_n t}$$

  가 되므로, 진동하지 않고 감쇠하는 임계감쇠가 된다.

• $\zeta > 1$일 때

$$y(t) = \frac{\omega_n}{2\sqrt{\zeta^2 - 1}} e^{-\zeta \omega_n t} \sinh\left(\sqrt{\zeta^2 - 1}\, \omega_n t\right)$$

가 되므로, ζ가 클수록 천천히 일정 값에 가까워지는 과감쇠가 된다.

• $\zeta = 0$일 때

$$y(t) = \omega_n e \sin \omega_n t$$

가 되므로, 진폭이 일정한 sin 곡선이 된다.

ζ 값에 따라 곡선의 모양이 바뀌는군요.

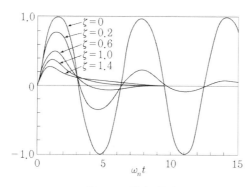

그림 4-74 임펄스응답

제어 분야에서의 표기를 비롯하여 이공계 서적에서 자주 사용되는 그리스 문자를 표 4-2에 정리하였다.

표 4-2

대문자	소문자	읽기
A	α	알파
B	β	베타
Γ	γ	감마
Δ	δ	델타
E	ε	입실론
Z	ζ	제타
H	η	에타
Θ	θ	쎄타
I	ι	이오타
K	κ	카파
Λ	λ	람다
M	μ	뮤
N	ν	뉴
Ξ	ξ	크사이
O	o	오미크론
Π	π	파이
P	ρ	로우
Σ	σ	시그마
T	τ	타우
Y	υ	웁실론
Φ	ϕ	화이
X	χ	카이
Ψ	ψ	프사이
Ω	ω	오메가

4-8 제어 시스템의 주파수응답

(1) 주파수응답의 표시법

주파수응답이란 입력신호로서 정현파를 가했을 때의 출력신호의 응답을 조사하는 것으로, 입력신호를 준 다음 충분히 시간이 경과한 후 과도상태에서 정상상태가 되었을 때의 입력신호와 출력신호의 진폭과 위상 등을 통해 동특성을 파악하는 방법이다. 그래서 주파수응답을 이해하려면 파동의 기초부터 배워야 한다(그림 4-75).

정현파를 $y = A\sin\omega t$로 나타냈을 때 A[m]를 진폭이라고 하며 파의 위아래 크기를 말한다. ω[rad/s]를 각주파수라고 하며 파의 상하운동속도를 나타낸다(그림 4-76). 여기서 ω[rad/s]는 1초 동안에 진동하는 횟수인 주파수 f[Hz]와의 사이에 다음과 같은 관계가 있다.

$$\omega = 2\pi f \ [\text{rad/s}]$$

또한 주파수의 역수를 주기 T[s]라 하며 다음과 같이 나타낼 수 있다.

$$T = 1/f \ [\text{s}]$$

어떤 시스템에 정현파의 입력신호를 보내면 진폭 A가 A'로 변화하거나 각주파수의 시간적인 차이가 생긴다(그림 4-77). 이 시간적인 차이를 위상 ϕ이라고 하며 이들 관계는 다음과 같이 나타낼 수 있다.

그림 4-75 주파수응답의 이미지

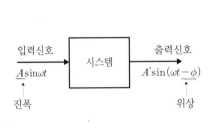

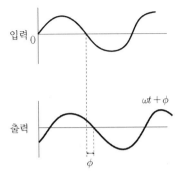

그림 4-76 주파수응답의 입·출력　　　　　　　그림 4-77 입·출력에서의 위상차

　　기본요소의 주파수응답을 구하려면 전달함수 $G(s)$에서 s 대신 $j\omega$를 사용한 전달함수 $G(j\omega)$로 표시한 주파수전달함수를 이용한다. 여기서 j는 허수를 나타내며, $G(j\omega)$를 실수부와 허수부로 나누면 다음과 같이 나타낼 수 있다.

$$G(j\omega) = a(\omega) + jb(\omega)$$

이때 게인 $|G(j\omega)|$과 위상차 $\angle G(j\omega)$는 다음과 같이 나타낼 수 있다.

$$\text{게인 } |G(j\omega)| = \sqrt{a(\omega)^2 + b(\omega)^2}$$

$$\text{위상차 } \angle G(j\omega) = \tan^{-1}\frac{b(\omega)}{a(\omega)}$$

이 관계는 복소평면 위에서 다음과 같이 나타낼 수 있다.

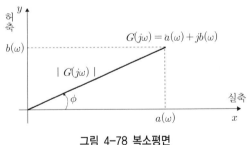

그림 4-78 복소평면

(2) 주파수응답의 보드선도(Bode Diagram) 표시

주파수응답을 그림으로 나타내는 방법 중에서 대표적인 것이 보드선도이다(그림 4-79). 보드선도에는 가로축에 각주파수, 세로축에 진폭비(게인)를 잡은 게인곡선과 가로축에 각주파수, 세로축에 위상차를 잡은 위상곡선이 있다. 이들 곡선에서 가로축은 로그 눈금 $\log_{10}\omega$, 세로축은 데시벨 값으로 표시한다.

여기서 가로축에 로그 눈금을 사용한 이유는 광범위한 눈금을 간결하게 정리할 수 있기 때문이다. 눈금의 간격을 보면 알 수 있듯이 주파수가 낮은 영역에서는 간격이 좁고, 주파수가 높은 영역에서는 그 변화율을 압축해서 성글게 표시되어 있다.

또한 세로축에 데시벨 값[dB]을 사용한 이유도 마찬가지인데 데시벨 값을 사용하면 다음과 같이 비율을 덧셈으로 나타낼 수 있다.

게인 $g = 20\log_{10}|G(j\omega)|$

즉, 게인이 10배가 된다는 것은 20데시벨의 증가, 100배(10^2배)가 된다는 것은 40데시벨의 증가를 나타낸다.

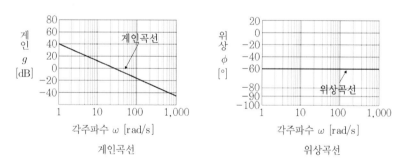

그림 4-79 보드선도

(3) 기본요소의 주파수응답

여기서는 과도응답의 경우와 마찬가지로 제어 시스템의 기본요소에 주파수응답을 적용한다.

① 비례요소

비례요소의 주파수응답에서는 입력신호를 K배한 것이 응답이 되므로 전달함수를 $G(j\omega) = K$

$(= K + j_0$으로 간주함)라 하면 이때의 게인 g와 위상차 ϕ는 다음과 같이 나타낼 수 있다.

게인 $\quad g = 20\log_{10}|G(j\omega)| = 20\log_{10}K$ (=일정 값) [dB]

위상차 $\quad \phi = \angle\, G(j\omega) = 0\,[°]$

이러한 관계에 따라 비례요소의 보드선도에서 게인곡선은 일정 값의 직선, 위상곡선은 위상차가 $0[°]$인 일정 값의 직선이 된다는 것을 알 수 있다.

② 적분요소

적분요소의 주파수응답에서는 전달함수가 $G(j\omega) = K/j\omega$로 표시되므로 먼저 이것을 다음과 같이 유리화한다.

$$G(j\omega) = \frac{K}{j\omega} = \frac{j\cdot K}{j\cdot j\omega} = -\frac{jK}{\omega} \quad (j^2 = -1)$$

여기서 $K = 1$로 하면 이때의 게인 g와 위상차 ϕ는 다음과 같이 표시된다.

게인 $\quad g = 20\log_{10}|G(j\omega)| = -20\log_{10}\omega\,[dB]$

위상차 $\quad \phi = \angle\, G(j\omega) = \tan^{-1}\!\left(\frac{-(K/\omega)}{0}\right) = -90\,[°]$

이러한 관계에 따라 적분요소의 보드선도에서 게인곡선은 기울기가 $-20[dB/dec]$인 직선, 위상곡선은 위상차가 $-90[°]$인 일정 값의 직선이 된다는 것을 알 수 있다.

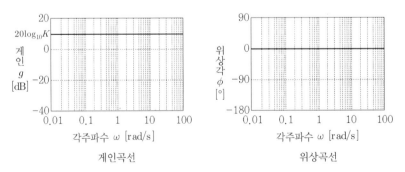

그림 4-80 비례요소의 보드선도

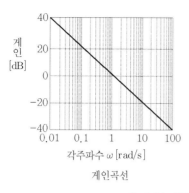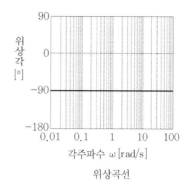

그림 4-81 적분요소의 보드선도

③ 미분요소

미분요소의 주파수응답에서는 전달함수가 $G(j\omega) = jK\omega$로 표시되므로 $K = 1$로 하면 이때의 게인 g와 위상차 ϕ는 다음과 같이 나타낼 수 있다.

게인 $g = 20\log_{10}|G(j\omega)| = 20\log_{10}\omega\,[\text{dB}]$

위상차 $\phi = \angle G(j\omega) = \tan^{-1}\left(\dfrac{K\omega}{0}\right) = 90\,[°]$

이러한 관계에 따라 미분요소의 보드선도에서 게인곡선은 기울기가 20[dB/dec]인 직선, 위상곡선은 위상차가 90[°]인 일정 값의 직선이 된다는 것을 알 수 있다.

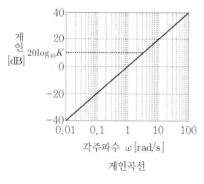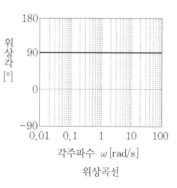

그림 4-82 미분요소의 보드선도

④ 1차 지연요소

1차 지연요소의 주파수응답에서는 전달함수가 $G(j\omega) = \dfrac{K}{1+j\omega T}$ 로 표시되므로 먼저 이것을
다음과 같이 정리한다.

$$G(j\omega) = \frac{K}{1+j\omega T}\left(\frac{1-j\omega T}{1-j\omega T}\right) = \frac{K(1-j\omega T)}{1+(\omega T)^2}$$

$$= \frac{K}{1+(\omega T)^2} - j\frac{K\omega T}{1+(\omega T)^2}$$

따라서 이때의 게인 g와 위상차 ϕ는 다음과 같이 나타낼 수 있다.

게인 $g = 20\log_{10}|G(j\omega)| = 20\log_{10}\left\{\dfrac{K}{\sqrt{1+(\omega T)^2}}\right\}$ [dB]

위상차 $\phi = \angle\, G(j\omega) = -\tan^{-1}\left(\dfrac{\omega T}{\omega K}\right)$ [°]

여기서 $K=1$로 하면 이때의 게인 g와 위상차 ϕ는 다음과 같이 나타낼 수 있다.

게인 $g = 20\log_{10}|G(j\omega)| = -10\log_{10}\left\{1+(\omega T)^2\right\}$ [dB]

위상차 $\phi = \angle\, G(j\omega) = -\tan^{-1}(\omega T)$ [°]

이 관계에 따라 1차 지연요소의 보드선도에서는 게인곡선과 위상곡선을 다음과 같이 나타낼
수 있다.

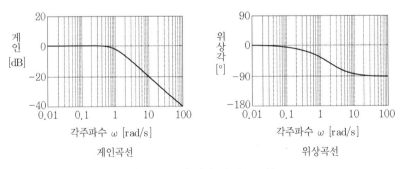

그림 4-83 1차 지연요소의 보드선도

⑤ 2차 지연요소

2차 지연요소의 주파수응답에서는 전달함수가 $G(j\omega) = \dfrac{\omega_n^2}{(\omega_n^2 - \omega^2)^2 + 2j\zeta\omega_n\omega}$ 으로 표시되

므로 $K = 1$로 하면 이때의 게인 g와 위상차 ϕ는 다음과 같이 나타낼 수 있다.

게인 $\quad g = 20\log_{10}|G(j\omega)|$

$\qquad\qquad = 20\log_{10}\omega_n^2 - 10\log_{10}\left\{(\omega_n^2 - \omega^2)^2 + (2\zeta\omega_n\omega)^2\right\}$ [dB]

위상차 $\quad \phi = \angle\,G(j\omega) = -\tan^{-1}\left(\dfrac{2\zeta\omega_n\omega}{\omega_n^2 - \omega^2}\right)$ [°]

이 관계에 따라 2차 지연요소의 보드선도에서 게인곡선은 기울기가 20[dB/dec]인 직선, 위상
곡선은 위상차가 90[°]인 일정 값의 직선이 된다는 것을 알 수 있다.

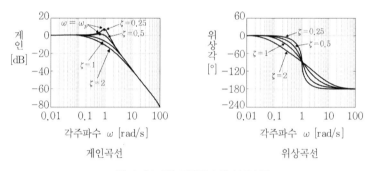

그림 4-84 2차 지연요소의 보드선도

제어의 기초로는 일단 여기까지의 내용을 정확히 이해할 수 있어야 한다. 그 이후는 보다 전
문적인 내용의 서적을 통해 학습하기 바라며 그 개요를 다음과 같이 정리한다.

제어 시스템의 과도응답과 주파수응답을 이용하면 입력신호에 대한 출력신호의 변화를 알 수
있기 때문에 피드백 제어 시스템의 특성을 이해하기 쉽다. 제어 시스템의 응답에서는 시간의 경
과와 함께 어느 일정 값이 되면 안정, 시간과 함께 증가하면 불안정이라고 한다. 이 안정성을 판
별하려면 특성 방정식이나 나이키스트의 안정판별법, 라우스의 안정판별법 등을 이용하면 된다.
그 결과를 바탕으로 제어 시스템에 대해 보다 정확한 동작을 이끌어내기 위해서는 게인보상, 위

상진행보상, 위상지연보상 등의 방법에 대해서도 알아야 한다.

피드백 제어에는 입력값의 제어를 출력값과 목표값의 편차에 비례한 조작을 하는 비례 제어(P 제어), 그 적분인 적분 제어(I 제어), 그 미분인 미분 제어(D 제어)의 3가지 요소가 있으며 각각 단독으로 실행하는 경우도 있지만 이들을 조합한 PI 제어나 PID 제어 등이 많이 이용되고 있다. PID 제어는 1950년대에 체계화된 고전제어이론에 속하지만 프로세스 제어 현장 등에서는 여전히 중심적인 제어방법이라 할 수 있다.

더 나아가서는 시스템 내부의 동적 거동을 지배하는 상태변수에 착안하여 상태방정식을 작성하고 그 제어 시스템의 거동을 조사하는 현대제어이론이라는 분야도 있는데, 이는 고전제어이론과 보완적으로 발전을 이뤄 나가고 있다.

참고로 제어공학의 학습을 위한 대표적인 소프트웨어로 MATLAB/SIMULINK가 있으며 연습서 등도 많이 출판되고 있다.

조금 까다롭지만 각 보드선도의 형태는 기억해 두는 것이 좋습니다.

찾아보기

[저자약력]

門田和雄(카도타 카즈오)

1968년	일본 카나가와현(神奈川県)에서 태어났다.
1991년	동경학예대학(東京学芸大学) 교육학부 기술과 졸업
1993년	동경학예대학(東京学芸大学) 대학원 교육학연구과 기술교육전공 (석사과정) 수료
현재	동경공업대학(東京工業大学) 부속 과학기술고등학교·기계시스템 분야 교사, 게이오대학(慶応義塾大学) 및 치바대학(千葉大学)에서 비상근 강사로 활동하고 있다.

주요 저서 | 공작을 위한 쉬운 기계공학, 技術評論社, 2001년
공작을 위한 재미있는 로봇공학, 技術評論社, 2003년
최신 기계 교과서, オーム社, 2003년
공작을 위한 초보 유체공학(공저), 技術評論社, 2005년
로봇 창조관, オーム社, 2006년
그림으로 해석한 '기계요소' 기초의 기초, 日刊工業新聞社, 2006년
그림으로 해석한 '나사' 기초의 기초, 日刊工業新聞社, 2006년

[역자약력]

김진오(金鎭吾)

학력 | 서울대학교 기계공학과 공학사
서울대학교 대학원 기계공학과 공학석사
카네기멜론대학교(CarnegieMellon University) Robotics 공학박사

경력 | KIST(한국과학기술연구원) 기계시스템실, CAD/CAM실 위촉연구원
Carnegie-Mellon University, The Robotics Institute, Research assistant
일본 SECOM Intelligent System Lab, Robotics Department, Senior leader
삼성전자, 로봇개발팀장(1994. 2. ~1997. 1.)
삼성전자, 로봇사업그룹장(1997. 2. ~1998. 9.)
로봇산업연구조합 Founder(2000)
산업통상자원부 퍼스널로봇 기획위원장(2001. 3. ~2002. 8.)
산업통상자원부 지능형로봇 기획단장(2003. 9. ~2004. 4.)
차세대성장동력 지능형로봇 실무위원장(2004. 1. ~2008. 3.)
Stanford University, Computer Science, AI Lab, Visiting Associate Professor(2005. 9. ~2006. 8.)

현재 | 광운대학교 정보제어공학과 교수(1999. 3. ~현재)
광운대학교 로봇게임단(로빛) 지도교수(2006. 11. ~현재)
로봇기술자격시험제도 운영위원장(2007. 11. ~현재)
로봇산업정책포럼 의장(2006. 11. 23. ~현재)

로봇공학의 기초

2008. 10. 1. 초 판 1쇄 발행
2021. 4. 15. 초 판 9쇄 발행

지은이 | 카도타 카즈오
옮긴이 | 김진오
펴낸이 | 이종춘
펴낸곳 | **BM** (주)도서출판 **성안당**
주소 | 04032 서울시 마포구 양화로 127 첨단빌딩 3층(출판기획 R&D 센터)
　　　| 10881 경기도 파주시 문발로 112 파주 출판 문화도시(제작 및 물류)
전화 | 02) 3142-0036
　　　| 031) 950-6300
팩스 | 031) 955-0510
등록 | 1973. 2. 1. 제406-2005-000046호
출판사 홈페이지 | **www.cyber.co.kr**
ISBN | 978-89-315-3780-2 (93550)
정가 | **23,000원**

이 책을 만든 사람들
기획 | 최옥현
진행 | 이희영
교정·교열 | 문 황
전산편집 | 이다혜, 김현미
표지 디자인 | 박원석
홍보 | 김계향, 유미나, 서세원
국제부 | 이선민, 조혜란, 김혜숙
마케팅 | 구본철, 차정욱, 나진호, 이동후, 강호묵
마케팅 지원 | 장상범, 박지연
제작 | 김유석

■ 도서 A/S 안내

성안당에서 발행하는 모든 도서는 저자와 출판사, 그리고 독자가 함께 만들어 나갑니다.
좋은 책을 펴내기 위해 많은 노력을 기울이고 있습니다. 혹시라도 내용상의 오류나 오탈자 등이
발견되면 **"좋은 책은 나라의 보배"**로서 우리 모두가 함께 만들어 간다는 마음으로 연락주시기
바랍니다. 수정 보완하여 더 나은 책이 되도록 최선을 다하겠습니다.
성안당은 늘 독자 여러분들의 소중한 의견을 기다리고 있습니다. 좋은 의견을 보내주시는 분께는
성안당 쇼핑몰의 포인트(3,000포인트)를 적립해 드립니다.
잘못 만들어진 책이나 부록 등이 파손된 경우에는 교환해 드립니다.